STEUERN,
ABER
LUSTIG!
VERLAG

www.steuern-aber-lustig.de

© 2020 Steuern aber lustig Verlag GmbH & Co. KG, Römerstraße 50, 64401 Groß-Bieberau

Andreas Görlich: Steuerwissen2go
Crashkurs Steuern für Kleinunternehmer und Freiberufler
2. Auflage
Korrektorat, Satz, Layout: Jeannette Zeuner, Book Designs
Covergestaltung: Ingo Diekhaus, Bild von 123RF.com

ISBN Print: 978-3-944043-03-6
ISBN E-Book: 978-3-944043-04-3

Die Angaben entsprechen dem Wissensstand bei Redaktionsschluss im Januar 2020. Es wird darauf hingewiesen, dass alle Angaben in diesem Fachbuch trotz sorgfältiger Bearbeitung ohne Gewähr erfolgen und eine Haftung des Autors oder des Verlags ausgeschlossen ist.

Bibliografische Information der Deutschen Nationalbibliothek:
Die Deutsche Nationalbibliothek verzeichnet diese Publikation in der Deutschen Nationalbibliografie; detaillierte bibliografische Daten sind im Internet über http://dnb.d-nb.de abrufbar.

Andreas Görlich

Steuerwissen2go

Crashkurs Steuern
für Kleinunternehmen und Freiberufler

kompakt | praxisnah | verständlich

Inhaltsverzeichnis

Einleitung

F ür viele Existenzgründer und Jungunternehmer sind Steuern eine Geheimwissenschaft, eine fremde und unverständliche Welt, und langweilig noch dazu.

Auch wenn Sie den ganzen Steuerkram mehr als lästig finden, die Vogel-Strauß-Technik – Kopf in den Sand stecken und abwarten – ist keine Lösung. Denn es ist eine Art von Naturgesetz: Nichts ist so sicher wie der Tod und die Steuern. Früher oder später müssen Sie sich mit der Geheimlehre beschäftigen. Lieber früher, denn nicht korrigierbare Fehler und verschenkte Steuervorteile kosten bares Geld. Steuern sind in jedem Fall eine lohnenswerte Materie, gewiss kompliziert und manchmal schwer verständlich, aber nicht langweilig.

Dieser Ratgeber ist der ambitionierte Versuch, Ihnen die komplexe Welt der Steuerparagrafen und Buchungssätze leicht verständlich näherzu-bringen – ohne dabei an fachlicher Tiefe zu verlieren. Mein Anspruch beim Schreiben war, einen Helfer aus der Praxis für die Praxis zu schaffen, nach dessen Lektüre Sie wissen, worauf es ankommt – damit Sie nicht mehr Steuern zahlen als unbedingt notwendig. Ein praxisorientiertes Steuersparbuch!

Bei der Auswahl der Themen gerät man zwangsläufig in ein Dilemma: Es gibt unendlich viel Interessantes und Nützliches, aber ebenso viel, das für die Praxis wenig hilfreich ist. Was also erwähnen, was weglassen? Aus dieser Themenbreite habe ich ausgewählt, was sich in meiner Er-

fahrung aus der Steuerberaterpraxis und Dozententätigkeit für Existenzgründer und Jungunternehmer als wichtig und typisch erwiesen hat.
Deshalb finden Sie hier keine Sonderfälle oder exotischen Steuertipps,
die mit Ihrem Tagesgeschäft wenig bis gar nichts zu tun haben, sondern
alltagstaugliches Praxiswissen.

Viel Spaß beim Lesen und Steuersparen!

Ihr Andreas Görlich

Für Anregungen, Kritik und Fragen bin ich immer offen – schreiben
Sie mir unter hallo@steuern-aber-lustig.de.

TEIL I

· · · · · · · · · · · · · · · · · ·

Einführung
in die Geheimwissenschaft

IN DIESEM TEIL ERFAHREN SIE ...

- ➲ dass Steuern eine wichtige Rolle im unternehmerischen Zehnkampf spielen und der Umgang mit den Finanzbehörden fair ablaufen sollte.

- ➲ dass „Hauptsache, Steuern sparen, koste es, was es wolle" nicht immer die richtige Einstellung ist – und warum die Erhebung von Steuern notwendig ist.

Die Disziplin Steuern im unternehmerischen Zehnkampf

Unternehmer werden ist nicht schwer, Unternehmer sein dagegen sehr. Allein ein Meister seines Fachs zu sein, reicht heutzutage nicht mehr aus, um erfolgreich ein Unternehmen zu führen. Es braucht mehr: Als Unternehmer sind Sie gut mit einem Zehnkämpfer vergleichbar. Sie sollten in vielen Disziplinen fit sein, wenn Sie auf dem Siegertreppchen landen wollen.

Das Blöde daran: Sie müssen sich auch mit Disziplinen herumschlagen, die bei Ihnen vielleicht nicht beliebt sind oder die sogar Schrecken auslösen. Ein Schreckgespenst im unternehmerischen Zehnkampf sind für viele die Steuern. Aber ob Sie wollen oder nicht: Es führt kein Weg daran vorbei – Sie müssen sich mit der ungeliebten Materie beschäftigen.

Dabei ist es gar nicht nötig, Steuerfachmann oder Bilanzbuchhalter zu sein, um ein Unternehmen zu führen. Sie sollten aber über ein steuerliches Grundwissen verfügen. Dann sind Sie klar im Vorteil: Sie können Ihr eigenes Geschäft im Alltag besser verstehen und weitsichtiger führen. Und vor allem können Sie Geld sparen.

Gleichzeitig sollten Sie nicht zulassen, dass sich das Thema auf Ihrem Schreibtisch zu breit macht, sonst laufen Sie Gefahr, Ihr Kerngeschäft aus den Augen zu verlieren. Denn ein wichtiger Grundsatz lautet: Mit Steuern verdienen Sie kein Geld!

Geld verdienen Sie, indem Sie Ihre Produkte oder Dienstleistungen an den Mann oder an die Frau bringen. Erst dann tragen solide Buchhaltungs- und Steuerkenntnisse dazu bei, dass mehr von dem verdienten Geld auf Ihrem Konto bleibt.

Selbstständige müssen sich um ihre Steuerangelegenheiten selbst kümmern. Das Finanzamt macht Sie nicht proaktiv und umfassend auf Ihre steuerlichen Pflichten aufmerksam. Vielmehr haben Sie eine Holschuld – Sie müssen sich selbst darüber informieren, welche Steuern zu zahlen, welche Steuererklärungen abzugeben und wann diese fällig sind. Ob Sie sich ganz allein durch den Steuerdschungel kämpfen oder sich unterstützen lassen, liegt bei Ihnen.

Selber machen oder zum Steuerberater?

Eines vorneweg: Es gibt keine rechtliche Verpflichtung, einen Steuerberater zu beauftragen. Sie dürfen Ihren Steuerkram auch im Alleingang schultern. Das „Do-it-yourself-Prinzip" gilt unabhängig von der Unternehmensgröße und Rechtsform. Ob das sinnvoll ist, ist eine andere Frage.

Selber machen oder den ganzen Kram einem Profi geben – die Entscheidung darüber hängt im Wesentlichen von Ihrer Affinität zur Steuerwelt, Ihren Buchhaltungs- und Steuerkenntnissen sowie vom Umfang Ihrer betrieblichen Aktivitäten ab. Steuern sind keine Geheimwissenschaft. Mit solidem Grundwissen und etwas Motivation können Sie Ihre Steuerangelegenheiten durchaus in Eigenregie stemmen. Aber entwickeln Sie keinen falschen Ehrgeiz: Unterschätzen Sie nicht die Komplexität der Materie und überschätzen Sie nicht Ihr eigenes Fachwissen! Wenn Sie mehr Zeit mit Buchungssätzen und Steueranmeldungen verbringen als mit Ihrem operativen Geschäft, ist das betriebswirtschaftlich großer Mumpitz. Und wenn sich dann wegen mangelnder Fachkompetenz auch noch Fehler einschleichen, kostet das viel Geld. Gönnen Sie sich etwas Gutes und holen Sie sich im

Zweifel fachliche Unterstützung vom Steuerprofi. Dafür müssen Sie zwar Geld abdrücken, aber gute Beratung spart in der Regel mehr, als sie kostet – und Sie können ruhiger schlafen. Denken Sie dabei auch an die ersparte eigene Arbeitszeit, die für Ihr Kerngeschäft frei wird. Und wenn Sie es richtig anstellen, verdienen Sie mit Ihrer eigentlichen Tätigkeit mehr, als die Kostenersparnis durch das Do-it-yourself ausmachen würde.

Gerade in der Startphase ist die Zeit in das operative Geschäft besser investiert. Zu Geschäftsbeginn ist Ihre wichtigste Herausforderung das „Klinkenputzen", also die Notwendigkeit, schnell einen Referenzkundenstamm aufzubauen und schließlich Gewinne einzufahren. Viele Existenzgründer denken jedoch: „Ich kann mir das Geld für einen Steuerberater sparen; erst wenn sich die Geschäfte entwickeln, ziehe ich einen Steuerexperten hinzu." Doch damit haben Sie die Rechnung ohne das Milchmädchen gemacht. Denn wenn Sie von Anfang an Fehler machen oder Steuervorteile zu Ihren Gunsten übersehen, stellen Sie falsche Weichen auch für die Folgejahre und Ihr Nachteil potenziert sich dadurch. Unterm Strich verlieren Sie so eine Menge Geld. Am falschen Ende sparen kommt dann letztlich teurer, als wenn Sie von Beginn an professionellen Rat eingeholt hätten.

Die Frage „Steuern selber machen oder nicht?" lässt sich aber nicht allgemeingültig beantworten, sondern ist abhängig von den Gesamtumständen des Einzelfalls. Was jedoch pauschal gilt: Der Umgang mit dem Finanzamt und seinen Gehilfen sollte immer fair ablaufen.

Umgang mit dem Finanzamt

Das Thema liegt mir sehr am Herzen: Der Finanzbeamte und auch die Finanzbeamtin ist nicht von Natur aus böse. Und der Steuerpflichtige ist nicht der natürliche Feind des Finanzamts. Vielleicht denken Sie daran, wenn Sie das nächste Mal Ihren freundlichen Fiskalvertreter mit grundlosen Einsprüchen, Dienstaufsichtsbeschwerden oder gar wüsten

Beschimpfungen bombardieren wollen. Das mag helfen, Ihrem Ärger Luft zu machen und dadurch Ihr Wohlbefinden zu erhöhen. Doch dem Gesprächsklima tut es keinesfalls gut und Ihr behördlicher Ansprechpartner hält sich danach sicherlich mit kooperativen Vorschlägen zurück.

Der einzelne Finanzbeamte ist nicht für den Wust an Steuerparagrafen verantwortlich, die Ihnen das Leben schwer machen. Aber er besitzt bei vielen Entscheidungen einen erheblichen Ermessensspielraum und kann Ihnen bürokratische Stolpersteine in den Weg legen – oder beiseiteschieben. Finanzbeamte sind auch nur Menschen und machen schlichtweg nur ihren Job. Sie erfüllen eine wichtige Funktion in unserem Staat, weil sie aufpassen, dass sich niemand an seinen steuerlichen Pflichten vorbeimogelt. Das ist gut so! **Also:** Bleiben Sie fair im Umgang mit den Finanzbehörden – Ihr Finanzbeamter wird es Ihnen mit Hilfsbereitschaft danken.

Hauptsache, Steuern sparen, koste es, was es wolle!

Steuern sparen möchte jeder, und zwar möglichst viel. Wenn so mancher Unternehmer „Steuern sparen" hört, sieht man, wie in seinen Augen die Dollarzeichen aufblitzen und der Verstand auf Kurzurlaub geht. Getrieben von dem Gedanken „Steuern sparen, koste es, was es wolle!" werden dann Entscheidungen getroffen, die jeder betriebswirtschaftlichen Vernunft entbehren. Hauptsache, Steuern sparen – mit diesem Argument lassen sich dann auch die windigsten Geldanlagen, die marodesten Immobilien und die dubiosesten Investmentfonds an den Mann oder die Frau bringen.

Bei allem Verständnis für den Wunsch, dem Fiskus keinen Cent zu schenken: Das Ziel, Steuern zu sparen, kann immer nur ein Ziel sein, nie das alleinige. Es ist zwar ein schönes Gefühl, den Fiskus an den Kosten für den neuen Mercedes oder für das repräsentative Büro zu beteiligen. Aber ist die Luxuskarosse beim Start in die Selbstständigkeit wirklich notwendig oder tut es der Gebrauchte am Anfang auch noch? Brauche ich das repräsentative Büro oder kann ich auch vom Home-Office aus starten?

In der Praxis herrscht oft der Irrglaube, der Fiskus beteilige sich vollständig an Ihrer Investition in Form einer Steuerersparnis. Das ist aber nicht so. Sie erhalten immer nur einen Bruchteil Ihres „Schnäppchens" oder im schlechtesten Fall gar nichts vom Finanzamt zurück.

Ihre unternehmerischen Entscheidungen sollten nicht primär durch die Motivation, Steuern zu sparen, getrieben sein. Vielmehr sollte die betriebswirtschaftliche Notwendigkeit der Anschaffung im Vordergrund stehen. So wichtig und sinnvoll betriebliche Anschaffungen sein mögen, Sie dürfen nicht vergessen: Das für die Investitionen aufgewendete Geld fehlt anschließend in der Kasse. Selbst beim höchsten Steuersatz von 45 %, beim sogenannten „Reichensteuersatz", mindert eine Ausgabe von 1.000 € die Steuerlast nur um 474,75 € (= Einkommensteuer 450 € + Solidaritätszuschlag 24,75 €, ohne Kirchensteuer). Der Rest, ganze 525,25 €, ist fort. Also prüfen Sie im Voraus, ob Sie sich die Investition leisten können! **Es gilt immer:** In der Tasche hat derjenige netto am meisten übrig, der am wenigsten Kosten hat.

Von der Notwendigkeit, Steuern zu zahlen

Wenn wir uns über den habgierigen Fiskus und seine Fiskalritter beschweren, vergessen wir: Steuern müssen sein. Eines ist klar: Wer einen Sozialstaat will, muss auch dafür aufkommen. Im Alltag gibt es viele Aufgaben, die nur der Staat lösen kann. Bildung, öffentliche Infrastruktur, Gesundheitswesen und soziale Absicherung, innere und äußere Sicherheit gehören dazu. All diese Leistungen finanziert Vater Staat mit den Steuereinnahmen. Ohne diese Gelder könnte er seinen Aufgaben nicht mehr nachkommen.

Also: Die Notwendigkeit der Steuererhebung steht nicht zur Diskussion – Steuern sind erforderlich. Ob Steuern tatsächlich effizient verwendet werden, ist eine andere Frage, die sehr wohl diskussionswürdig ist. Dies führt uns das „Schwarzbuch des Bundes der Steuerzahler e. V." jährlich vor Augen, indem es die Verschwendung von Steuergeldern dokumentiert. Wäre die Misswirtschaft mit Steuergeldern steuerpflichtig, wäre der Staatssäckel wohl gefüllt und die Steuerlast der Bürger könnte gesenkt werden.

TEIL II

. . . .

Erstkontakt
mit dem Finanzamt

IN DIESEM TEIL LERNEN SIE ...

➲ welche Behördengänge Sie als Existenzgründer
erwarten.

➲ ob Sie durch die Brille des Finanzamts als Gewerbetreibender oder Freiberufler einzuordnen sind und
welche steuerlichen Unterschiede damit verbunden
sind.

➲ Ihre erste steuerliche Pflicht kennen: das Ausfüllen des
steuerlichen Erfassungsbogens.

■ Erstkontakt mit dem Behördendschungel

Viele Gründungswillige schreckt der Wust an Anmeldungen und Behördengängen bei der Existenzgründung ab. Dabei ist das alles gar nicht so schwer, wenn man erst einmal weiß, wo man anfangen muss und welche Behörde für welche Anmeldung zuständig ist. Der erste Behördengang ist davon abhängig, ob Sie aus Sicht des Finanzamts als **Gewerbetreibender** oder als **Freiberufler** eingestuft werden. Doch diese Abgrenzung ist in der Praxis oft nicht einfach. Im Zweifel entscheidet das Finanzamt darüber, ob es sich bei Ihrem Vorhaben um eine freiberufliche oder gewerbliche Tätigkeit handelt.

Gewerbetreibender: Als zukünftiger Gewerbetreibender müssen Sie sich beim Gewerbeamt der Gemeinde anmelden, in der Sie Ihr Unternehmen eröffnen. Die Gewerbeanmeldung enthält neben Ihren persönlichen Angaben auch genaue Angaben zur Art Ihrer Tätigkeit und zum Zeitpunkt, ab wann Sie mit dieser beginnen wollen. Sie brauchen für die Anmeldung einen Personalausweis und eventuell besondere Nachweise (z. B. Handwerkskarte, Konzession) oder Vertragsunterlagen (z. B. Gesellschaftsvertrag). Handwerksunternehmen in den sogenannten *gefahrgeneigten Berufen* (z. B. Dachdecker, Elektrotechniker) dürfen Sie grundsätzlich nur gründen, wenn Sie eine Meisterprüfung abgelegt haben oder einen Meister anstellen. Ausgenommen von der Meisterpflicht sind sogenannte *zulassungsfreie Handwerke* sowie *handwerksähnliche Berufe*. Mit der Gewerbeanmeldung beginnen die Mühlen der Behörden zu mahlen: Das Finanzamt und andere Institutionen (u. a. IHK, Berufsgenossenschaft) werden automatisch von Ihrer Selbstständigkeit informiert.

Freiberufler: Als Freiberufler (z. B. Rechtsanwälte, Ärzte, Künstler) melden Sie sich nicht beim Gewerbeamt an, sondern informieren das Finanzamt über Ihre Existenzgründung. Ein formloses Schreiben an das Finanzamt, in dessen Bezirk Sie sich niederlassen, genügt. Die Mitteilung an das Finanzamt muss innerhalb eines Monats nach Beginn der Selbstständigkeit erfolgen. Wer zu den **geregelten** freiberuflichen Berufsgruppen (z. B. Steuerberater, Rechtsanwalt, Arzt) gehört, braucht eine Berufszulassung, um sich selbstständig machen zu können. Bei den **ungeregelten** Freien Berufen (z. B. Künstler) bedarf es keiner gesonderten Genehmigung für die Aufnahme einer selbstständigen Tätigkeit.

Gründungsfragebogen – Ihre erste steuerliche Pflicht

Nachdem Sie Ihre gewerbliche oder selbstständige Tätigkeit der Gemeinde bzw. dem Finanzamt angezeigt haben, erhalten Sie Post vom Fiskus: den **Gründungsfragebogen** – Ihre erste steuerliche Pflicht!

Mit dem Fragebogen möchte das Finanzamt von Ihnen die folgenden Fragen beantwortet haben:

> ⮥ Wann wurde der Betrieb eröffnet, welche Tätigkeit wird ausgeübt und wer ist Betriebsinhaber?
>
> ⮥ Welche Steuererklärungen und Voranmeldungen sind abzugeben und nach welcher Art soll der Gewinn ermittelt werden?
>
> ⮥ Welchen Umsatz und Gewinn erwarten Sie in den ersten zwei Jahren?

Füllen Sie den Fragebogen sorgfältig aus! Ihre Angaben haben weitreichende steuerliche Folgen und binden Sie teilweise für Jahre gegenüber dem Finanzamt. Auf der Grundlage des Fragebogens bekommen Sie

Ihre Steuernummer mitgeteilt und erfahren, welche Steuererklärungen Sie abgeben und in welcher Höhe Sie Vorauszahlungen leisten müssen. Das Finanzamt verlangt von Ihnen, in die Glaskugel zu schauen: Sie sollen den Umsatz und Gewinn Ihres Unternehmens für die ersten zwei Jahre voraussagen. Das ist nicht ganz leicht, zumal Sie gerade erst starten.

Vorsicht: Wenn Sie sich gegenüber dem Fiskus arm rechnen, kann das zu unliebsamen Überraschungen in Form von Steuernachzahlungen führen. Zu optimistisch sollten Sie auch nicht schätzen, weil Sie sonst vorab zu viel Steuer zahlen müssen. Es gilt: Rechnen Sie von Anfang an mit dem Finanzamt, aber realistisch!

■ Schreckgespenst Gewerbetreibender

In der Vorstellung vieler Selbstständiger geistert immer noch der Irrglaube herum: „Als Gewerbetreibender habe ich nur Nachteile – und der Status des Freiberuflers ist demgegenüber mit allerlei Vorteilen verbunden." Dem ersten Anschein nach kommt der Freiberufler in den Genuss von Freiheiten, die der Gewerbetreibende nicht hat. Schaut man aber genauer hin, dann verwischen die Vorteile des Freiberuflers und das Schreckgespenst **Gewerbetreibender** verliert in der Praxis an Schrecken.

Der Freiberufler unterscheidet sich in *vier wesentlichen Punkten* vom Gewerbetreibenden:

> ⮡ Er zahlt keine Gewerbesteuer.
>
> ⮡ Er muss keine doppelte Buchführung betreiben (eine Einnahmen-Überschuss-Rechnung reicht aus).
>
> ⮡ Er ist kein Zwangsmitglied in einer Industrie- und Handelskammer (IHK).
>
> ⮡ Er kann bei der Umsatzsteuer stets die Ist-Besteuerung in Anspruch nehmen.

Keine Gewerbesteuer zahlen zu müssen und den Anstrengungen der doppelten Buchführung zu entgehen – das hört sich vorteilhaft an. Die Vorteile des Freiberuflers sind auf den ersten Blick die Nachteile des Gewerbetreibenden. Doch das Schreckgespenst Gewerbetreibender verblasst auf den zweiten Blick deutlich:

Gewerbesteuer: Als Gewerbetreibender sind Sie grundsätzlich gewerbe-steuerpflichtig. Sie zahlen aber erst Gewerbesteuer, wenn Ihr jährlicher Gewinn (genauer: Gewerbeertrag) den Freibetrag von 24.500 € über-schreitet. Außerdem ist die Gewerbesteuer, die Sie an die Gemeinde zahlen, bei der Einkommensteuer *anrechenbar*, d. h. die Gewerbesteuer reduziert Ihre Einkommensteuerschuld. Erhebt Ihre Gemeinde einen Gewerbesteuerhebesatz unter 400 %, dann ist Ihre gezahlte Gewerbe-steuer vollständig auf Ihre Einkommensteuerschuld anrechenbar. Unterm Strich stellt dann die Gewerbesteuer keine steuerliche Mehrbelastung dar. Mit anderen Worten: Der Gewerbetreibende zahlt zwar Gewerbe-steuer und Einkommensteuer, doch aufgrund des Freibetrags und der Anrechnung der Gewerbesteuer bei der Einkommensteuer zahlt er grundsätzlich *betragsmäßig* nicht mehr Steuern als der Freiberufler!

Doppelte Buchführung: Gewerbetreibende sind grundsätzlich zur doppelten Buchführung verpflichtet. Wie der Name vermuten lässt, verursacht die doppelte Buchführung auch doppelt so viel Aufwand wie die einfache Buchführung, die Einnahmen-Überschuss-Rechnung. Gewerbetreibende können jedoch aufatmen. Solange der Umsatz unter 600.000 € oder der Gewinn unter 60.000 € liegt, erlaubt der Gesetz-geber auch dem Gewerbetreibenden, seinen Gewinn durch die Ein-nahmen-Überschuss-Rechnung zu ermitteln. Und auch wenn Sie diese Grenzen überschreiten, müssen Sie grundsätzlich erst zur doppelten Buchführung (Bilanzierung) übergehen, wenn das Finanzamt Sie dazu auffordert.

Zwangsmitglied in einer IHK oder Handelskammer: Dass Freibe-ruflern die Zwangsmitgliedschaft in der IHK erspart bleibt, hört sich im ersten Moment vorteilhaft an. Aber auch bestimmte Freiberufler-gruppen unterliegen der Aufsicht spezieller Verbände und Kammern – verbunden mit eigenen strengen Regeln und Kosten.

Ist-Besteuerung bei der Umsatzsteuer: Freiberufler dürfen unabhän-gig von der Höhe ihres Umsatzes stets die sogenannte **Ist-Besteuerung**

bei der Umsatzsteuer wählen. Das bedeutet: Sie zahlen die Umsatzsteuer erst dann an den Fiskus, wenn Sie das Geld von Ihren Kunden erhalten haben. Der Vorteil: Sie treten nicht in Vorlage und kommen daher nicht in Geldsorgen, wenn Kunden ihre Rechnungen erst später zahlen. Aber auch hier können Gewerbetreibende aufatmen. Sie dürfen nämlich auch die Vorteile der Ist-Besteuerung beanspruchen, solange ihr jährlicher Umsatz unter 500.000 € liegt.

Fazit: Das Schreckgespenst Gewerbetreibender spukt zu Unrecht in den Köpfen vieler Selbstständiger herum. Per Saldo bedeutet für den Großteil aller Existenzgründer die Einstufung als Gewerbetreibender keine (steuerliche) Mehrbelastung gegenüber dem Status des Freiberuflichen.

↓ Downloadbereich

Informationen zu der steuerlichen Abgrenzung zwischen Freiberufler und Gewerbetreibender finden Sie unter www.crashkurs-steuern.de im Downloadbereich.

TEIL III

So ermitteln Sie Ihren Gewinn

IN DIESEM TEIL ERFAHREN SIE ...

- ➲ was die zwei Gewinnermittlungsarten sind, wer welche Methode anwenden darf und wie die Einnahmen-Überschuss-Rechnung funktioniert.

- ➲ allerlei über Betriebseinnahmen und Betriebsausgaben und wie die Sache mit den Abschreibungen und der GWG-Regelung funktioniert.

▪ Gewinnermittlungsarten: einfach oder doppelt?

Ob Sie wollen oder nicht: Der Fiskus ist nicht nur Ihr ständiger Begleiter, sondern auch Ihr stiller Teilhaber. Sie müssen Ihren Gewinn mit dem Staat teilen. Damit Ihr ungeliebter Partner auch feststellen kann, wie tief er in Ihre Tasche greifen darf, verlangt Vater Staat jährlich von Ihnen einen finanziellen Striptease. Sprich: Sie sind verpflichtet, den Gewinn Ihres Unternehmens jährlich zu ermitteln und gegenüber dem Finanzamt offenzulegen.

Der Fiskus akzeptiert zwei Arten der Gewinnermittlung, wobei Sie nicht in jedem Fall die freie Auswahl zwischen beiden haben.

Gewinnermittlungsarten

➲ **Einnahmen-Überschuss-Rechnung**
(„einfache Buchführung")

➲ **Bilanzierung**
(„doppelte Buchführung")

Der Name ist Programm: Die **doppelte** Buchführung ist grundsätzlich „doppelt" so aufwendig wie die Einnahmen-Überschuss-Rechnung. Sie ergibt aber auch ein „Mehr" an Informationen über Ihre Finanzen.

Je nach Art und Größe Ihres Unternehmens haben Sie die Pflicht bzw. die Möglichkeit, den Gewinn durch **einfache** oder **doppelte Buchführung** zu ermitteln.

Wer darf was?

Es gilt der Grundsatz: Gewerbetreibende müssen grundsätzlich bilanzieren, es sei denn, sie überschreiten bestimmte Umsatz- (< 600.000 €) oder Gewinngrenzen (< 60.000 €) nicht. Anders ausgedrückt: Gewerbetreibende dürfen ihren Gewinn durch die Einnahmen-Überschuss-Rechnung ermitteln, solange sie unterhalb der genannten Gewinn- und Umsatzgrenze bleiben. Freiberufler hingegen dürfen ihren Gewinn ausnahmslos und immer durch **einfache Buchführung** ermitteln, können aber auch freiwillig bilanzieren. Für Unternehmer, die in der Rechtsform einer Kapital- oder Personenhandelsgesellschaft tätig sind, sind mit der Wahl des Rechtskleids die Würfel bereits gefallen. Diese Rechtsformen müssen immer bilanzieren.

Gut zu wissen: Überschreiten Sie als Gewerbetreibender in einem Jahr die Umsatz- oder Gewinngrenze, dann müssen Sie nicht sofort von der Einnahmen-Überschuss-Rechnung zur Bilanzierung wechseln. Warten Sie ab, bis das Finanzamt Sie dazu auffordert! Erst im Folgejahr nach der Aufforderung sind Sie zum Wechsel verpflichtet.

↓ **Downloadbereich**

Informationen zum Thema Bilanzierung (doppelte Buchführung) finden Sie unter www.crashkurs-steuern.de im Downloadbereich.

▦ Einfach einfach: die Einnahmen-Überschuss-Rechnung

Die Einnahmen-Überschuss-Rechnung bezeichnet man auch als **einfache Buchführung**, denn sie ist im Vergleich zur „doppelten" Buchführung mit weniger Aufwand verbunden und erfordert nur überschaubare kaufmännische Vorkenntnisse. „Einfach" ist sie auch deswegen, weil bei der Einnahmen-Überschuss-Rechnung für jeden Geschäftsvorfall grundsätzlich nur eine Buchung erfolgt, und zwar bei Zahlung. Also in dem Moment, in dem das Geld aus Ihrem oder in Ihren betrieblichen Geldbeutel strömt. Bei der **doppelten Buchführung** ist dagegen Name Programm, denn sie erfasst prinzipiell jeden Vorgang doppelt. Sie ist damit viel aufwendiger und verlangt solide Buchführungs-kenntnisse.

Wie funktioniert die Einnahmen-Überschuss-Rechnung (EÜR)?

Der Aufbau der EÜR basiert im Wesentlichen auf den folgenden Grundregeln, die zugleich auch den Hauptunterschied zur doppelten Buchführung ausmachen:

Grundregeln der EÜR

⮑ Gewinn = Betriebseinnahmen – Betriebsausgaben

⮑ Geldflussbetrachtung

⮑ 10-Tage-Regelung bei regelmäßig wiederkehrenden Einnahmen und Ausgaben zum Jahreswechsel

⮑ Kein Ausweis und keine Bewertung von Betriebsvermögen

⮑ Bruttoprinzip bei Verbuchung der Umsatzsteuer

Gewinn

Zunächst ganz einfach: Sie ermitteln den Gewinn bei der EÜR durch die Gegenüberstellung der Einnahmen und Ausgaben. Sie addieren Ihre betrieblichen Einnahmen und ziehen davon Ihre Betriebsausgaben ab. Die Differenz ist Ihr Gewinn – oder bei zu geringen Einnahmen oder zu hohen Ausgaben manchmal auch Ihr Verlust.

Geldflussbetrachtung

Die Einnahmen-Überschuss-Rechnung ist eine reine **Geldflussrechnung**. Das bedeutet: Sie haben erst Einnahmen, wenn Ihr Kunde zahlt, und Sie haben erst Ausgaben, wenn Sie Ihre Rechnung beglichen haben. Maßgebend ist also der Zeitpunkt, an dem Einnahmen zufließen oder Ausgaben abfließen. Wann die Rechnung gestellt wurde, ist nicht entscheidend.

Ein Beispiel: Die Rechnung, die Sie an Ihren Kunden im Dezember 2019 geschickt haben und die von Ihrem Kunden erst im Februar 2020 bezahlt wird, gehört in Ihre Gewinnermittlung 2020.

Das Geldflussprinzip ist auch bei Anzahlungen anzuwenden. Erhaltene Anzahlungen von Ihren Kunden sind sofort als Einnahmen zu deklarieren, selbst dann, wenn noch gar keine Leistung erbracht wurde. Gleiches gilt im umgekehrten Fall, wenn Sie Lieferanten oder Handwerker im Voraus für Leistungen bezahlen. Auch dann ist die Zahlung sogleich als Ausgabe zu erfassen.

Auf den Punkt gebracht: Die EÜR betrachtet nur die Bewegungen in der betrieblichen Geldbörse, also nur, was tatsächlich rein oder raus geht. Mit Geldbörse sind hier natürlich das Bankkonto und die Kasse gemeint.

Regelmäßig wiederkehrende Einnahmen und Ausgaben

Kein Prinzip ohne Ausnahmen. Das Geldflussprinzip ist nicht anzuwenden bei **regelmäßig wiederkehrenden Einnahmen und Ausgaben**, die zehn Tage vor Beginn oder nach Beendigung des Kalenderjahres entstehen (10-Tage-Regelung), also in den Zeitraum vom 22. Dezember bis zum 10. Januar fallen. Die Folge: Regelmäßig wiederkehrende Einnahmen und Ausgaben, die in diesem Zeitraum fallen, werden abweichend vom tatsächlichen Geldfluss steuerlich in dem Jahr berücksichtigt, zu dem sie wirtschaftlich gehören. Darum müssen Sie zum Beispiel die Dezember-Miete, die erst am 3. Januar vom Konto abgebucht wird, noch im alten Jahr als Aufwand erfassen. Umgekehrt: Zahlen Sie die Januar-Miete bereits am 27. Dezember, dann ist der Aufwand erst im neuen Jahr zu berücksichtigen.

Kein Ausweis und keine Bewertung von Betriebsvermögen

Sie erinnern sich: Der Gewinn bei der EÜR ermittelt sich durch die Gegenüberstellung der betrieblichen Einnahmen und Ausgaben nach dem Geldflussprinzip. Deswegen müssen bei der EÜR in ihrer einfachsten Form auch **kein Betriebsvermögen und keine Betriebsschulden** ausgewiesen werden.

Sie haben natürlich Betriebsvermögen in Ihrem Unternehmen, nur taucht es in Ihrer EÜR nicht auf. Der EÜR liegt der Gedanke zugrunde, dass jede Veränderung des Betriebsvermögens, die auf betrieblichen Geschäftsvorfällen basiert, sich irgendwann in Form von tatsächlichen Zuflüssen oder Abflüssen von Geld niederschlägt – zu erfassen sind nur die zugrunde liegenden Einnahmen und Ausgaben. Sprich: Forderungen und Verbindlichkeiten spielen keine Rolle – was für die EÜR zählt, ist allein die Zahlung der Rechnung. Eine Inventur des Warenbestands am Jahresende entfällt: Der Wareneinkauf führt bereits zum Zeitpunkt der Zahlung zu einer Betriebsausgabe. Wie viel von der Ware noch auf Lager ist oder tatsächlich verbraucht wurde, ist nicht relevant.

Aber auch hier gibt es Ausnahmen. Bei **abnutzbaren Anlagegütern** (z. B. Maschinen, Büroausstattung, Betriebs-Pkw) sind abweichend vom Geldflussprinzip die steuerlichen Abschreibungsgrundsätze zu beachten. Mit **Abschreibung** ist die Verteilung der Anschaffungskosten über die gesamte im Steuergesetz festgelegte fiktive Nutzungszeit gemeint. Das heißt: Wenn Sie eine Maschine oder ein anderes abnutzbares Anlagegut anschaffen, dürfen Sie nicht den vollen Kaufpreis im Anschaffungsjahr als Betriebsausgabe absetzen, sondern müssen ihn über mehrere Jahre abschreiben. Ausgaben für **nicht abnutzbare Anlagegüter** (z. B. Grundstücke) dürfen sogar erst dann steuerlich berücksichtigt werden, wenn Sie sie verkaufen oder aus dem Betriebsvermögen herausnehmen. Sie sind verpflichtet, ein gesondertes Anlageverzeichnis aller abnutzbaren und nicht abnutzbaren Anlagegüter zu erstellen.

Bruttoprinzip bei der Umsatzsteuer

Nach der Philosophie der Einnahmen-Überschuss-Rechnung ist die *gezahlte und abgeführte Umsatzsteuer eine Betriebsausgabe,* während die *eingenommene und erstattete Umsatzsteuer als Betriebseinnahme* angesehen wird. Das nennt man auf Buchhalterdeutsch dann Bruttoprinzip bei der Verbuchung der Umsatzsteuer. Letztendlich gleichen sich diese vier

Umsatzsteuerposten immer aus, da die Umsatzsteuer gewinnneutral ist. **Genauer:** Sie müssen die in den Kundenzahlungen enthaltene Umsatzsteuer erst einmal als Einnahme verbuchen. Zahlen Sie den Betrag dann im Rahmen Ihrer Umsatzsteuer-Voranmeldung ans Finanzamt, entsteht eine Ausgabe.

Bei gezahlten Rechnungen wird genau umgekehrt verfahren. Die an Lieferanten gezahlte Vorsteuer ist Betriebsausgabe und wird bei Erstattung durch den Fiskus als Einnahme verbucht. Per Saldo ist die Umsatzsteuer damit ein durchlaufender Posten, nur dass die Beträge zeitlich getrennt eingehen und abfließen.

▪ Betriebseinnahmen

G rundsätzlich gilt: Alle Einnahmen, die Sie im Rahmen Ihrer selbstständigen Tätigkeit erzielen, sind in Ihrer Gewinnermittlung zu erfassen und letztlich zu versteuern.

Aufgepasst: Bei den Betriebseinnahmen unterscheiden Sie zwischen **originären** und **fiktiven Betriebseinnahmen**. Zu den **originären Betriebseinnahmen** zählt alles, was Sie durch den Verkauf Ihrer Waren und Dienstleistungen sowie durch den Verkauf von Betriebsgegenständen eingenommen haben.

Mit **fiktiven Betriebseinnahmen** sind sogenannte **Privatanteile** gemeint. Das sind Entnahmen aus dem Betriebsvermögen für private Zwecke oder die private Nutzung von betrieblichen Gegenständen wie auch die private Inanspruchnahme von betrieblichen Leistungen. Beispiele: Sie schenken einen betrieblichen PC Ihrer Tochter (Sachentnahme), Sie nutzen Ihren Geschäftswagen auch für Privatfahrten oder Sie telefonieren mit Ihrem Geschäftshandy privat (Privatnutzung).

Warum sind aber die Privatanteile als fiktive Betriebseinnahmen zu erfassen? Ganz einfach: Die Ausgaben für die privat entnommenen Betriebsgegenstände oder für die anteilige Privatnutzung dürfen den Gewinn nicht mindern, sind also steuerlich nicht abzugsfähig. Die Korrektur der Privatanteile erfolgt nicht durch eine anteilige Kürzung der Ausgaben, sondern durch die Berücksichtigung als fiktive Betriebseinnahme. Anders ausgedrückt: Was Sie privat verbrauchen, wird als **fiktive Lieferung oder Leistung gegen Entgelt** von Ihrem Unternehmen an Sie als Privatperson gewertet. Diese Privatanteile werden mit dem steuerlichen Teilwert angesetzt. Aus dem Fachchinesischen übersetzt heißt das: Der Teilwert ist regelmäßig nichts anderes als der aktuelle Marktwert.

Die Privatanteile unterliegen der Umsatzsteuer, sofern Sie nicht umsatzsteuerlicher Kleinunternehmer sind oder zu einer umsatzsteuerbefreiten Berufsgruppe (z. B. Ärzte) gehören. Das ist so, weil Sie zunächst beim Kauf des PC oder Pkw die gezahlte Vorsteuer vollständig geltend gemacht haben und somit die dem Privatanteil zuzurechnende Vorsteuer Ihnen zu Unrecht vom Fiskus erstattet wurde. Mit der Umsatzbesteuerung des Privatverbrauchs wird dies korrigiert.

Auf den Punkt gebracht: Die Verwendung von betrieblichen Gegenständen für private Zwecke ist als **fiktive Betriebseinnahme** zu versteuern. Zusätzlich fällt Umsatzsteuer an. Nur für Geldbeträge gilt diese Regel nicht, ihre Entnahme wirkt sich nicht auf den Gewinn aus.

Betriebsausgaben

Betriebsausgaben sind Kosten, die Ihnen im Rahmen Ihres Gewerbebetriebs oder Ihrer freiberuflichen Tätigkeit entstehen, die also betrieblich veranlasst sind. Das heißt im Umkehrschluss: Privat veranlasste Kosten haben in Ihrer Gewinnermittlung nichts zu suchen. Betriebsausgaben sind also von den Kosten der privaten Lebensführung abzugrenzen. Bei Abgrenzungsschwierigkeiten stellen Sie sich einfach die Frage, ob die Kosten auch anfallen würden, wenn es Ihren Betrieb nicht gäbe. Wenn ja, dann handelt es sich regelmäßig nicht um Betriebsausgaben, sondern um private Kosten. Kosten der privaten Lebensführung sind insbesondere Ausgaben für den privaten Haushalt, für Essen und Trinken, für Kleidung und Freizeitaktivitäten. Private Kosten sind nicht auf betrieblicher Ebene steuerlich abzugsfähig, sie können jedoch unter Umständen, je nach Art und Anlass, als **Sonderausgaben** oder **außergewöhnliche Belastungen** in der Einkommensteuererklärung geltend gemacht werden.

Alles unkompliziert, oder? Zumindest in den Fällen, in denen Ausgaben ausschließlich betrieblich oder ausschließlich privat verursacht sind. Ärger kann der Fiskus aber machen, wenn die Kosten nicht allein betrieblich veranlasst sind, sondern auch im Zusammenhang mit der privaten Lebensführung stehen, sogenannte **gemischte Ausgaben**. So gewährt das Finanzamt den Betriebsausgabenabzug regelmäßig nur dann, wenn der Privatanteil unter 10 % liegt und damit von untergeordneter Bedeutung ist oder der betriebliche Kostenanteil sich leicht und einwandfrei vom Privatvergnügen trennen lässt. Anders ausgedrückt: Ist bei gemischten Ausgaben eine nachvollziehbare Trennung zwischen privater und betrieblicher Veranlassung nicht möglich, sind die Kosten insgesamt nicht abzugsfähig. Als eindeutig trennbar gelten laut Rechtsprechung beispielsweise: Pkw-Kosten (trennbar durch Fahrtenbuch), Telefonkosten (trennbar durch Einheiten) oder Arbeitszimmer (trennbar durch Quadratmeter).

Ob Ausgaben *notwendig, üblich oder zweckmäßig* sind, beeinträchtigt zunächst nicht die betriebliche Veranlassung und die Abzugsfähigkeit. Unübliche Ausgaben können aber für den Fiskus ein gewichtiges Indiz sein, dass die Ausgaben überwiegend privat veranlasst sind. So dürfte das Finanzamt regelmäßig hellhörig werden und genauer nachhaken bei Ausgaben für den luxuriösen Sportwagen, für den neusten Plasma-TV oder für die betriebliche Golfclubmitgliedschaft. Wer Teures von der Steuer absetzen will, muss gute Argumente ins Feld führen, damit der Fiskus nicht die Rote Karte zeigt.

Betriebsausgabe ist nicht gleich Betriebsausgabe

Je nach Art der Betriebsausgaben können diese sofort, über mehrere Jahre verteilt (Abschreibung) oder erst zu einem späteren Zeitpunkt steuerlich abgezogen werden. Bestimmte Betriebsausgaben sind nicht oder nur beschränkt abzugsfähig.

Mit Blick auf die Auswirkung auf den steuerlichen Gewinn sind also die folgenden Betriebsausgaben zu unterscheiden:

Arten von Betriebsausgaben
➲ Sofort abziehbare Betriebsausgaben
➲ Nicht sofort abziehbare Betriebsausgaben
➲ Nicht abziehbare und beschränkt abziehbare Betriebsausgaben
➲ Vorweggenommene Betriebsausgaben

Sofort abziehbare Betriebsausgaben

Zu den **sofort abziehbaren Betriebsausgaben** gehören alle betrieblichen laufenden Ausgaben wie z. B. Lohn- und Gehaltszahlungen, Miet- und Zinszahlungen, Telefonkosten, Porto, Büromaterial, Beratungskosten, Werbekosten etc.

Nicht sofort abziehbare Betriebsausgaben

Zu den **nicht sofort abziehbaren Betriebsausgaben** *zählen Ausgaben für die Anschaffung oder Herstellung von* Anlagegütern. Anlagegüter sind betriebliche Gegenstände, die dazu gedacht sind, längerfristig in Ihrem Unternehmen zu verbleiben (> 1 Jahr). Bei **abnutzbaren Anlagegütern** (Maschinen, Pkw, Büromöbel) sind die Anschaffungs- oder Herstellungskosten nur ratenweise – über mehrere Jahre – abzugsfähig, steuerlich sind sie als **Abschreibungen** zu berücksichtigen.

Zu unterscheiden sind davon Ausgaben, die durch die Anschaffung von **nicht abnutzbaren Anlagegütern** entstehen, z. B. Grundstücken, Wertpapieren und Beteiligungen. In diesen Fällen gilt: Die Anschaffungs- oder Herstellungskosten sind erst dann als Betriebsausgaben zu erfassen, wenn die Anlagegüter verkauft oder aus dem Betriebsvermögen entnommen werden.

Beschränkt oder nicht abziehbare Betriebsausgaben

Bestimmte im Steuergesetz aufgezählte Betriebsausgaben sind nach dem Willen des Fiskus nur beschränkt oder gar nicht abziehbar. Zu den **beschränkt oder nicht abziehbaren Betriebsausgaben** zählen zum Beispiel:

⊃ Geschenke an Geschäftsfreunde

⊃ Kosten für die Bewirtung von Geschäftsfreunden

⊃ Verpflegungsmehraufwendungen auf Geschäftsreisen

⊃ Aufwendungen für ein häusliches Arbeitszimmer

⊃ Geldbußen, Ordnungsgelder und Verwarnungsgelder sind nicht abziehbar, ebenso Schmier- oder Bestechungsgelder.

Vorweggenommene Betriebsausgaben

Keiner sollte planlos starten. Der weitsichtige Gründungswillige plant sorgfältig seine Existenzgründung, doch dadurch können bereits vor dem offiziellen Start Kosten entstehen. Der Fiskus unterstützt Sie in Ihrem Gründungsvorhaben, indem er auch Betriebsausgaben anerkennt, die Ihnen vor der Anmeldung Ihrer selbstständigen Tätigkeit entstanden sind. Verschenken Sie also kein Geld an das Finanzamt, weil Sie für die Vorlaufkosten keine Belege gesammelt haben.

Die sachlichen Anforderungen an die Abzugsfähigkeit von Gründungskosten unterscheiden sich nicht von denen normaler Betriebsausgaben. Es gilt auch hier: Die Kosten müssen betrieblich veranlasst sein. Einen „in Stein gemeißelten" Zeitpunkt, ab wann Gründungskosten steuerlich frühestens geltend gemacht werden können, gibt es nicht. Aber: Der wirtschaftliche Zusammenhang zwischen den Ausgaben und der Gründung muss eindeutig erkennbar sein. Beispiele für vorweggenommenen Betriebsausgaben sind:

> ⊃ Fortbildungskosten und Fachliteratur,
>
> ⊃ Beratungskosten (z.B. Gründerberater, Steuerberater)
>
> ⊃ Reisekosten (z. B. wegen Fortbildung, Beratungstermin)
>
> ⊃ Markterkundungskosten, Gebühren für Genehmigungen
>
> ⊃ Büromaterial, Porto und Telekommunikationskosten.

Tipp: Bislang privat genutzte Gegenstände abschreiben

Bei fast jeder Existenzgründung kommt es vor: Sie nutzen privat angeschaffte Gegenstände neuerdings hauptsächlich betrieblich. Oft sind
das mehr Gegenstände, als man denkt.

Hier einige Beispiele:

Bürostuhl, Schreibtisch, Faxgerät, PC, Drucker, Werkzeuge oder Pkw.
Nutzen Sie diese Gegenstände aus Ihrem Privat-besitz überwiegend
betrieblich, dann legen Sie sie in Ihren Betrieb mit dem aktuellen
Marktwert ein und machen Sie diese steuermindernd geltend.

■ Mysterium Abschreibung

Abschreibung oder **Absetzung für Abnutzung**, kurz AfA, heißt aus dem Amtsdeutschen übersetzt, dass Sie die Anschaffungs- oder Herstellungskosten eines abnutzbaren Anlagegutes nicht sofort vollständig als Betriebsausgabe absetzen können, sondern nur in jährlichen Raten über die gesamte Zeit der Nutzung.

Langlebige Anschaffungen wie beispielsweise Computer, Pkw oder Büromöbel sind also aus steuerlicher Sicht meistens ein weniger gutes Geschäft. Denn solche Anschaffungen müssen Sie sofort bezahlen, aber das Geld können Sie sich nur ratenweise – auf mehrere Jahre verteilt – von der Steuer zurückholen. Auf den Punkt gebracht, bedeutet abschreiben also: „Sofort zahlen müssen und erst nach und nach von der Steuer absetzen dürfen."

So weit, so gut. Das heißt: Wenn Sie die ominösen Abschreibungen auf Ihr abnutzbares Anlagegut berechnen wollen, brauchen Sie die folgenden Informationen:

> ➲ Anschaffungs- oder Herstellungskosten
> ➲ Betriebsgewöhnliche Nutzungsdauer
> ➲ Zulässige Abschreibungsmethode

Der Reihe nach. Zuallererst: **Abnutzbare Anlagegüter** sind Gegenstände, die *länger als ein Jahr* im Betrieb genutzt werden und die durch die tägliche Nutzung an Wert verlieren.Dazu zählen typischerweise Computer, Faxgeräte, Maschinen, Autos oder Büromöbel. Dagegen spricht man bei Grundstücken, Finanzanlagen und Beteiligungen von **nicht abnutzbaren Anlagegütern**, da sie in der Regel keine Wertminderung durch den Gebrauch erleiden. Sie werden grundsätzlich nicht abgeschrieben.

Anschaffungs- oder Herstellungskosten

Kaufen Sie ein abnutzbares Anlagegut, dann sind die Anschaffungskosten im Wesentlichen mit dem gezahlten Kaufpreis identisch. Sogenannte **Anschaffungsnebenkosten** können noch hinzukommen, beispielsweise Kaufgebühren, Versandkosten, Transportkosten oder Montagekosten. Falls Sie Ihr Anlagegut selber herstellen, dürfen Sie als Herstellungskosten zunächst nur die Kosten für Material und Fertigung sowie den anteiligen Wertverzehr der verwendeten Maschinen ansetzen. Wenn Sie wollen, dürfen Sie auch anteilige Kosten für allgemeine Verwaltung, Sozialleistungen und Fremdkapitalzinsen in die Herstellungskosten mit einbeziehen. Aber Achtung: Die in die Herstellungskosten mit einbezogenen Kosten dürfen Sie dann nicht mehr sofort voll als Betriebsausgaben abziehen.

Wichtig: Umsatzsteuer ist sofort erstattungsfähig

Den Umsatzsteueranteil, der auf der Rechnung Ihrer Anschaffung ausgewiesen ist, können Sie sich – sofern Sie ein umsatzsteuerpflichtiger Unternehmer sind – sofort in voller Höhe bei Ihrer nächsten Umsatzsteuervoranmeldung als Vorsteuer zurückholen. In diesem Fall gehört die gezahlte Umsatzsteuer nicht zu den Anschaffungs- oder Herstellungskosten (Nettopreis).

Sind Sie dagegen umsatzsteuerlicher Kleinunternehmer oder gehören Sie zu einer umsatzsteuerbefreiten Berufsgruppe, können Sie sich die Vorsteuer für Ihre Anschaffung nicht erstatten lassen. Dann zählt die

Umsatzsteuer mit zu den Anschaffungs- oder Herstellungskosten (Bruttopreis) und ist mit abzuschreiben.

Betriebsgewöhnliche Nutzungsdauer

Und woher wissen Sie eigentlich, wie lange es dauert, bis Ihr Bürostuhl oder Ihr Geschäftswagen aus Sicht des Fiskus vollständig abgenutzt ist? Das Finanzamt hilft Ihnen dabei: Die betriebsgewöhnliche Nutzungsdauer ist nämlich für zahlreiche Anlagegüter in amtlichen Tabellen niedergelegt. Der Fachmann spricht von sogenannten **AfA-Tabellen.**

Nach den Afa-Tabellen werden beispielsweise abgeschrieben:

➲   Computer, Drucker, andere Peripheriegeräte über 3 Jahre

➲   Pkw über 6 Jahre

➲   Büromöbel über 13 Jahre

Das heißt: Sie zahlen heute Ihren Geschäftswagen, kommen aber erst nach 6 Jahren in den Genuss des vollständigen Steuerabzugs Ihrer Kosten! Schmerzhaft – besonders bei teureren Anschaffungen, die über mehrere Jahre im Betrieb bleiben.

Gebraucht angeschaffte Anlagegüter können Sie schneller absetzen. Grundsätzlich sind gebrauchte Gegenstände über die verbleibende Restnutzungsdauer abzuschreiben. Ist die ursprüngliche Nutzungsdauer bereits bei der Anschaffung abgelaufen, so akzeptiert der Fiskus durchaus, dass Ihre Investition noch im Jahr der Anschaffung vollständig oder über zwei bis drei Jahre abgeschrieben wird.

Abschreibungsmethoden

Der Fiskus erlaubt derzeit zwei Abschreibungsmethoden: die lineare Abschreibung und die leistungsbezogene Abschreibung. Die im Alltag wichtigste und der Regelfall ist die lineare Abschreibung.

Das Prinzip der **linearen Abschreibungsmethode** ist einfach durchschaut: Die Anschaffungs- oder Herstellungskosten werden gleichmäßig auf die Nutzungsjahre verteilt, es findet also eine Abschreibung in gleichen Jahresbeträgen statt. Die Berechnung erfolgt recht einfach: Wenn Sie die Anschaffungs- oder Herstellungskosten durch die Zahl der Nutzungsjahre teilen, erhalten Sie den jährlichen Abschreibungsbetrag.

$$\text{„Jährlicher Abschreibungsbetrag =“} \frac{\text{„Anschaffungs- oder Herstellungskosten“}}{\text{„betriebsgewöhnliche Nutzungsdauer in Jahren“}}$$

Ein Beispiel: Sie kaufen sich einen neuen Betriebs-PC für 1.500 €, für den laut AfA-Tabelle eine Nutzungsdauer von 3 Jahren gilt. Nach Adam Riese und Eva Zwerg errechnet sich Folgendes: Der jährliche Abschreibungsbetrag beträgt 500 €, weil jeweils pro Jahr nur ein Drittel des Kaufpreises abgesetzt werden kann (1/3 × 1.500 € = 500 €). Am Ende jedes Jahres reduziert sich der buchhalterische Wert um den Abschreibungsbetrag von 500 €. Nach dem dritten Jahr sind die Anschaffungs- oder Herstellungskosten Ihres Anlagegegenstands vollständig abgeschrieben. Die letzte Abschreibungsrate beträgt jedoch nur 499 Euro, sodass Ihr PC mit einem symbolischen Erinnerungswert von 1 € weiterhin in Ihren Büchern geführt werden kann.

Monatsgenaue Abschreibung: Bei der Abschreibung gilt der Grundsatz, dass Sie Ihre Anlagegüter nur für die Zeit abschreiben dürfen, in der diese dem Betrieb zur Verfügung stehen. Sie dürfen also im Jahr der Anschaffung oder Herstellung nur den zeitanteiligen Jahresabschreibungsbetrag berücksichtigen. Die Abschreibung ist immer monatsgenau zu berechnen. Immerhin: Angefangene Monate dürfen voll angesetzt werden. Im Detail sieht das so aus: Bei Kauf im Januar dürfen Sie den vollen Jahresbetrag ansetzen. Erwerben Sie Ihr Anlagegut im Februar, sind nur 11/12 des Jahresbetrags zu berücksichtigen, bei Kauf im März nur 10/12 usw.

Was geschieht aber, wenn ein Anlagegut bereits vor Ablauf der planmäßigen Abschreibungsdauer aus Ihrem Betriebsvermögen ausscheidet (z. B. durch Verkauf, Entnahme oder Zerstörung)? In diesem Fall wird das Anlagegut zeitanteilig bis zum Ausscheiden abgeschrieben und der verbleibende Restbuchwert ist als Betriebsausgabe zu verbuchen. Die durch das Ausbuchen des Restbuchwertes entstehende Betriebsausgabe ist einem möglichen Verkaufserlös gegenzurechnen, sodass Sie je nach Fallkonstellation einen Gewinn oder Verlust aus dem Ausscheiden des Anlagegutes erzielen.

Beispiel: Sie kaufen sich im März 2018 einen neuen Geschäftswagen zu einem Preis von 18.000 € und verkaufen den Geschäftswagen wieder im Juni 2021 zu einem Verkaufspreis von 12.000 €. Die betriebsgewöhnliche Nutzungsdauer beträgt laut AfA-Tabelle 6 Jahre.

Jahr	Abschreibung	Restbuchwert
2018	2.500 €	15.500 €
2019	3.000 €	12.500 €
2020	3.000 €	9.500 €
2021	1.500 €	8.000 € (per 6/2021)

Im Anschaffungsjahr können Sie 10/12 des Jahresbetrags (10/12 × 3.000 € = 2.500 €) und in den Jahren 2019 und 2020 jeweils den vollen Jahresbetrag abschreiben. Im Jahr des Verkaufs ist die Abschreibung nur zeitanteilig für 6 Monate in Höhe von 1.500 € zu berücksichtigen. Zum Zeitpunkt des Verkaufs beträgt also der Restbuchwert des Geschäftswagens 8.000 €, sodass Sie durch den Verkauf einen Gewinn in

Höhe von 4.000 € erzielen (=Verkaufserlös 12.000 € abzüglich Restbuchwert 8.000 €).

Anlageverzeichnis

Damit das Finanzamt verfolgen kann, wie sich Ihr Anlagevermögen entwickelt, müssen Sie ein Verzeichnis über Ihre Anlagegüter und die darauf vorgenommenen Abschreibungen führen. Sie können ein solches Anlageverzeichnis leicht selbst erstellen (z. B. in Excel). Ihre Aufstellung sollte die folgenden Informationen enthalten: Bezeichnung des Gegenstandes mit Anschaffungs- oder Herstellungskosten, Zugangsdatum, Abschreibungsmethode plus Nutzungsdauer bzw. Abschreibungsprozentsatz sowie Abschreibungsbetrag und Buchwert zum Jahresbeginn und -ende.

Keine Regel ohne Ausnahme: Sie kennen jetzt das Geheimnis der ominösen Abschreibungen. Wie Sie Ihre Investition letztlich abschreiben, hängt aber auch von der Höhe der Anschaffungs- oder Herstellungskosten ab. Nicht jeder Anlagegegenstand muss über seine gesamte steuerliche Lebensdauer abgeschrieben werden. Der Fiskus sieht bei sogenannten **geringwertigen Wirtschaftsgütern** Erleichterungen vor. Deren Abschreibung erfolgt nach gesonderten Regelungen.

GWG – das dürfen Sie sofort abschreiben

D er Fiskus ist großzügig, wenn es um kleinere Anschaffungen bis 1.000 € netto geht. Bei sogenannten **geringwertigen Wirtschaftsgütern** (GWG) gewährt der Gesetzgeber zum einen eine gewisse Wahlfreiheit zwischen verschiedenen Abschreibungsmethoden und zum anderen bessere Abschreibungsmöglichkeiten – teilweise sogar den vollständigen Sofortabzug im Jahr der Anschaffung.

Als geringwertige Wirtschaftsgüter bezeichnet man Anlagegüter mit einem Wert bis 1.000 € netto, die beweglich und selbstständig nutzbar sind. Wenn sich ein Wirtschaftsgut losgelöst von anderen nutzen lässt, ist der Gegenstand selbstständig nutzbar. Das gilt beispielsweise für einen Bürostuhl, eine Lampe oder einen Kopierer. Das heißt auch: Einzelne Teile einer Computeranlage (Bildschirm, Tastatur, Maus, Drucker) sind nicht selbstständig nutzbar, also keine GWGs. Diese Teile sind klassisches Zubehör, sie funktionieren nur in Verbindung mit dem Computer. Wird also ein Drucker zusammen mit einem PC gekauft, gehört der Drucker zum Anschaffungspreis der gesamten Computeranlage.

Qual der Wahl: Sie haben bei GWG die Qual der Wahl zwischen verschiedenen Abschreibungsvarianten. Sie dürfen die GWG sofort voll abschreiben, in einen Sammelposten packen oder klassisch über die betriebsgewöhnliche Nutzungsdauer abschreiben. Aber aufgepasst: Diese Varianten sind leider nicht ganz beliebig nach Lust und Laune anwendbar und kombinierbar, sondern der Fiskus macht gewisse Vorgaben. Abhängig von den Anschaffungs- oder Herstellungskosten, und je nachdem, ob Sie einen Sammelposten bilden wollen oder nicht, stehen zwei Alternativen zur Wahl. Die Entscheidung für eine der beiden GWG-Abschreibungsvarianten gilt einheitlich für sämtliche Anschaffungen in einem Jahr. Das Wahlrecht kann jedes Jahr neu ausgeübt werden.

Das Ganze für das Auge zusammengefasst:

GWG-Abschreibungsvarianten			
	Bis 250 €	**> 250 € bis 800 €**	**> 800 € bis 1.000 €**
1. Variante ohne Sammelposten	Sofortabzug oder Normal-Abschreibung lt. AfA-Tabelle		Normal-Abschreibung lt. AfA-Tabelle
2. Variante mit Sammelposten	Sofortabzug oder Normal-Abschreibung lt. AfA-Tabelle	Sammelposten	

Beachten Sie: Maßgebend für die Frage der Wertgrenzen ist stets der Nettobetrag des Anlageguts, d. h. ohne enthaltene Umsatzsteuer.

1. GWG-Abschreibungsvariante ohne Sammelposten

Bis 800 €: Wenn die Anschaffungs- oder Herstellungskosten nicht mehr als 800 € betragen, können Sie die Kosten als Betriebsausgaben vollständig im Anschaffungs- oder Herstellungsjahr abziehen (Sofortabschreibung). Alternativ besteht die Möglichkeit der klassischen Ab-

schreibung über die betriebsgewöhnliche Nutzungsdauer (Wahlrecht!).
Über 800 €: Anlagegüter, deren Wert 800 € überschreitet, sind über
die gewöhnliche Nutzungsdauer laut AfA-Tabelle abzuschreiben.

Beispiel: Sie kaufen im Dezember ein Faxgerät für 145 €, einen PC
für 400 € und einen Schreibtisch für 900 € (jeweils netto). Den Kaufpreis für das Faxgerät und den PC dürfen Sie sofort als Betriebsausgabe
absetzen. Den Schreibtisch müssen Sie gemäß AfA-Tabelle über 13 Jahre
abschreiben, im Anschaffungsjahr jedoch nur zeitanteilig für einen
Monat.

2. GWG-Abschreibungsvariante mit Sammelposten

Bis 250 €: Übersteigen die Anschaffungs- oder Herstellungskosten
die 250-€-Grenze nicht, dann können Sie das Wirtschaftsgut sofort
als Betriebsausgabe absetzen (Sofortabschreibung) oder alternativ über
die betriebsgewöhnliche Nutzungsdauer laut AfA-Tabelle abschreiben
(Wahlrecht!).

Über 250 € bis 1.000 €: Anlagegüter zwischen 250 € bis 1.000 € packen
Sie in sogenannte **Sammelposten** und schreiben sie über fünf Jahre ab.
Achtung: Alle Anlagegüter eines Sammelpostens werden unabhängig
von ihrer individuellen Nutzungsdauer pauschal über 5 Jahre abgeschrieben. Das heißt: Der PC, der normalerweise über 3 Jahre, oder der
Schreibtisch, der normalerweise über 13 Jahre abgeschrieben wird, sind
losgelöst von der AfA-Tabelle über 5 Jahre abzuschreiben.Und: Anders
als bei der „normalen" Abschreibung ist im Anschaffungsjahr keine
zeitanteilige Abschreibung vorzunehmen, sondern der volle Jahresabschreibungsbetrag ist abzusetzen, also ein Fünftel der Anschaffungs-
oder Herstellungskosten. Für jedes Jahr ist ein eigener Sammelposten
zu bilden (jahrgangsbezogen) und gesondert abzuschreiben. Scheidet
im Lauf dieser 5 Jahre ein Wirtschaftsgut aus dem Sammelposten aus,
dann hat das keine Auswirkung auf den Sammelposten. Dies bedeutet
beim Verkauf von Wirtschaftsgütern, dass der Verkaufserlös in vollem

Umfang zu versteuern ist, während die Abschreibung auf den Sammelposten unverändert bis zum Ablauf der Fünfjahresfrist weitergeführt
wird.

Beispiel: Sie kaufen im Dezember ein Faxgerät für 145 €, einen PC für
400 € und einen Schreibtisch für 900 € (jeweils netto). Den Kaufpreis
für das Faxgerät dürfen Sie sofort als Betriebsausgabe absetzen. Den
PC und den Schreibtisch können Sie in einen Sammelposten packen
und den Gesamtbetrag von 1.300 € über 5 Jahre abschreiben. Die Abschreibung auf den Sammelposten beträgt im Anschaffungsjahr und in
den folgenden vier Jahren jeweils 260 €.

Über 1.000 €: Die Anlagegüter, deren Wert 1.000 € überschreitet,
sind über die gewöhnliche Nutzungsdauer gemäß AfA-Tabelle abzuschreiben.

Und welche GWG-Alternative soll ich nun wählen?

Welche Variante für Sie vorteilhafter ist, hängt maßgeblich davon ab,
ob Sie heute oder in Zukunft die gewinnmindernden Betriebsausgaben dringender brauchen. Sind Sie in einem „schlechten Jahr" mit
geringer steuerlicher Belastung und rechnen künftig mit höherem Gewinn, empfiehlt es sich, vom Sofortabzug Abstand zu nehmen und
Abschreibungen in die Zukunft zu verschieben. Gerade bei Gründern
in der mageren Startphase ist es oft sinnvoll, Anschaffungen über län-
gere Zeiträume abzuschreiben, damit sie sich in späteren Jahren mit
höheren Gewinnen steuermindernd auswirken können. Machen Sie
gute Geschäfte, sollten Sie tendenziell den Sofortabzug wählen, um der
Steuerprogression ein wenig gegenzusteuern.

TEIL IV

. . . .

Steuerarten

IN DIESEM TEIL ...

➲ bekommen Sie einen Überblick über die wichtigsten Steuerarten, die Ihnen im Unternehmeralltag begegnen.

Welche Steuern Sie kennen müssen

Als Unternehmer haben Sie täglich mit vielen Steuern und Abgaben zu tun. Über die Masse der Steuerarten müssen Sie in Ihrer Unternehmerpraxis nicht Bescheid wissen, denn die meisten davon betreffen Sie nur indirekt und Sie zahlen sie unbewusst. Denken Sie etwa an die Mineralölsteuer, wenn Sie Ihren Geschäftswagen auftanken, oder an die Kaffee- oder Sektsteuer beim Geschäftsessen!

Für die Praxis von kleineren Unternehmen und Freiberuflern sind letztlich nur die folgenden Steuerarten von wesentlicher Bedeutung:

- ➲ Umsatzsteuer
- ➲ Gewerbesteuer
- ➲ Einkommensteuer

Ein grundlegendes Wissen über diese Steuerarten ist Pflicht für jeden Unternehmer.

■ Umsatzsteuer – der Umsatzbringer für den Fiskus

Die Umsatzsteuer ist nicht nur eine der wichtigsten Einnahmequellen des Staates, sie gehört auch zu den kompliziertesten Steuerarten. Das Grundprinzip ist recht simpel, aber der Teufel steckt bekanntlich im Detail. Das Umsatzsteuerrecht glänzt nicht nur durch eine verwirrende Fülle an Vorschriften und eine Vielzahl von Ausnahmeregelungen, es unterliegt auch ständigen Änderungen. Im Rahmen dieses Ratgebers können wir deswegen nur die Grundlagen des Umsatzsteuerrechts aufgreifen.

Das Wichtigste vorweg: Die von Ihnen eingenommene Umsatzsteuer gehört nicht Ihnen, sondern dem Fiskus. Sie macht nur vorübergehend in Ihrer Tasche Halt, bevor sie sich auf den Weg zum Finanzamt macht!

Bevor wir in die unendlichen Weiten des Umsatzsteuerrechts vorstoßen, sollten Sie vorab über ein paar Begriffe Bescheid wissen. In der Praxis herrscht nicht selten Verwirrung über die Bedeutung der Begriffe **Umsatzsteuer** und **Mehrwertsteuer**. Die Auflösung ist einfach: Die Begriffe sind Synonyme, inhaltlich völlig gleichbedeutend. Der Fachmann spricht von Umsatzsteuer, weil das Steuerrecht nur ein Umsatzsteuergesetz, aber kein Mehrwertsteuergesetz kennt. Der steuerliche Laie, etwa eine Frau Mergel *(Name von der Redaktion geändert)*, spricht dagegen eher von Mehrwertsteuer. Dann gibt es noch den Begriff der **Vorsteuer**. Als Vorsteuer bezeichnet man die Umsatzsteuer, die auf

Ihren Eingangsrechnungen lastet, also jene Umsatzsteuer, die Sie an Ihre Lieferanten oder Dienstleister zahlen. Wissen sollten Sie auch noch, was mit **brutto** und **netto** gemeint ist. Brutto bedeutet ganz einfach inklusive Umsatzsteuer und netto heißt ohne Umsatzsteuer.

So funktioniert die Umsatzbesteuerung

In Deutschland haben wir ein **Allphasen-Netto-Umsatzsteuersystem mit Vorsteuerabzug**. Keine Angst: Klingt kompliziert, ist es aber nicht. Das Grundprinzip ist schnell erklärt: Bei jedem Umsatz in einer Leistungs- oder Produktionskette schlägt der jeweils ausführende Unternehmer auf seine Rechnung Umsatzsteuer auf – egal, ob der Kunde Endverbraucher oder selbst Unternehmer ist (daher Allphasensteuer) – und reicht diese an den Fiskus weiter. Umsatzsteuer, die der Unternehmer selbst für den Wareneinkauf oder für erhaltene Dienstleistungen zahlt, also die sogenannte Vorsteuer, darf er vorher von der eingenommenen Umsatzsteuer abziehen (daher Netto-Umsatzsteuer mit Vorsteuerabzug). Im Ergebnis führt der Unternehmer also nur die Steuer auf den Mehrwert ab, den er geschaffen hat, womit zugleich das Rätsel gelöst ist, warum die Umsatzsteuer landläufig auch Mehrwertsteuer genannt wird.

Für den Unternehmer ist die Umsatzsteuer ein *durchlaufender Posten*, weil er die gezahlte Vorsteuer vom Finanzamt zurückbekommt und die eingenommene Umsatzsteuer dort abliefern muss. Die Umsatzsteuer ist darauf ausgerichtet, dass sie vom privaten Endverbraucher wirtschaftlich getragen wird, da dieser sich die gezahlte Umsatzsteuer vom Fiskus nicht zurückholen kann. Die Pflicht zur Berechnung und Abführung an den Fiskus obliegt aber allein dem Unternehmer.

Aufgepasst: Vom Fiskus dürfen Sie natürlich nur die gezahlte Vorsteuer auf Betriebsausgaben zurückfordern. Anders ausgedrückt: Die Vorsteuer auf Privatausgaben dürfen Sie nicht steuerlich geltend machen. Damit es sich einprägt, das Ganze noch einmal kurz und bündig: Von der eingenommenen Umsatzsteuer dürfen Sie die von Ihnen als Unternehmer gezahlte Vorsteuer abziehen, unterm Strich bleibt die sogenannte **Zahllast**, die Sie ans Finanzamt melden und abliefern müssen. Ein Beispiel schafft Klarheit:

Beispiel: Nehmen wir an, ein Einzelhändler kauft ein Faxgerät für 100 € netto zuzüglich 19 % Umsatzsteuer (= 19 €) beim Großhändler ein, also für 119 € brutto. Dieses Gerät verkauft der Einzelhändler im selben Monat an einen privaten Endkunden für 150 € netto plus 19 % Umsatzsteuer (28,50 €) weiter, also für 178,50 € brutto. Welche Zahllast muss der Einzelhändler an das Finanzamt abführen, wenn man von der vereinfachten Annahme ausgeht, dass dies sein einziges Geschäft im Abrechnungszeitraum ist? Die Lösung: Der Einzelhändler muss 9,50 € als Zahllast an das Finanzamt melden und überweisen. Und so wird's gerechnet: Der Einzelhändler hat seinem Kunden Umsatzsteuer in Höhe von 28,50 € in Rechnung gestellt und kassiert. Diesen Betrag schuldet er dem Fiskus, er kann jedoch vorab die an den Großhändler gezahlte Vorsteuer in Höhe von 19 € davon abziehen. Per Saldo errechnet sich also eine Zahllast von 9,50 € (= eingenommene Umsatzsteuer 28,50 € abzüglich gezahlter Vorsteuer 19 €).

In der nachstehenden Grafik ist das Beispiel veranschaulicht.

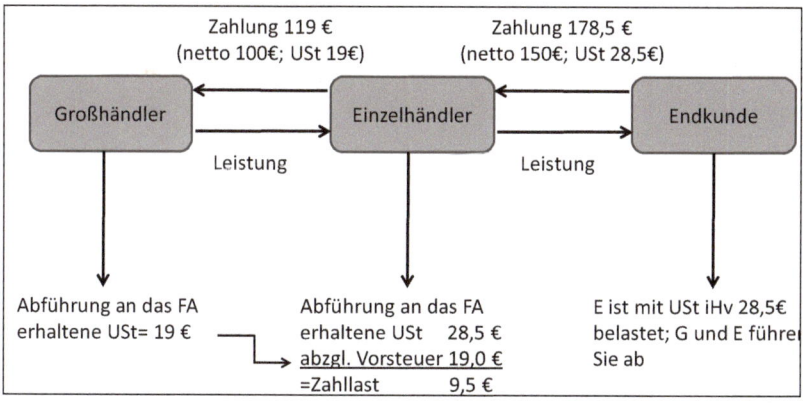

Die Welt ist in Ordnung, wenn im laufenden Betrieb die eingenommene Umsatzsteuer über der gezahlten Vorsteuer liegt. Dann sind nämlich auch Ihre Betriebseinnahmen höher als Ihre Betriebsausgaben. Ein sehr erstrebenswerter Zustand. Aber gerade in der Startphase ist es nicht selten umgekehrt: Existenzgründer müssen erst einmal mehr ausgeben, als sie einnehmen. Die Summe der gezahlten Vorsteuer übersteigt dann die eingenommene Umsatzsteuer. Im Ergebnis entsteht also ein Vorsteuerüberhang, den Sie vom Fiskus im Rahmen Ihrer Umsatzsteuervoranmeldung erstattet bekommen.

Egal, ob Umsatzsteuer-Zahllast oder Vorsteuer-Erstattung: Als umsatzsteuerpflichtiger Unternehmer müssen Sie dem Fiskus regelmäßig über Ihre Geschäfte in Form von Umsatzsteuer-Voranmeldungen berichten.

Umsatzsteuer-Voranmeldungen

Vorab muss die Frage geklärt werden: Bin ich überhaupt umsatzsteuerpflichtig? Sofern Sie eine gewerbliche oder selbstständige Tätigkeit ausüben, lautet die Antwort: Ja – jeder Unternehmer unterliegt grundsätzlich der Umsatzsteuerpflicht! Aber auch diese Regel nicht ohne Ausnahme: Für **umsatzsteuerliche Kleinunternehmer** oder für umsatzsteuerbefreite Berufsgruppen existieren besondere Regelungen. Doch dazu später mehr.

Als umsatzsteuerpflichtiger Unternehmer müssen Sie den Fiskus regelmäßig über Ihre Geschäfte informieren. Von Existenzgründern verlangt das Finanzamt, dass sie im Gründungsjahr und im folgenden Kalenderjahr monatliche Umsatzsteuer-Voranmeldungen abgeben. Mit dieser Regelung beabsichtigt der Gesetzgeber, Sie von Anfang an zu einem ordentlichen Umsatzsteuerzahler zu erziehen. Später kann sich der Rhythmus für die Abgabe der Umsatzsteuer-Voranmeldungen ändern. Sofern im dritten Jahr Ihre vorjährige Umsatzsteuerschuld (eingenommene Umsatzsteuer abzüglich Vorsteuer) nicht 7.500 € überschritten hat, stellt das Finanzamt automatisch auf vierteljährliche

Voranmeldungen um. Lag Ihre Umsatzsteuer-Zahllast sogar unter 1.000 €, verzichtet der Fiskus auf unterjährige Voranmeldungen und verlangt nur die Abgabe einer Umsatzsteuerjahreserklärung. Übrigens: Die Abgabe einer Umsatzsteuer-Jahreserklärung ist für jeden Unternehmer obligatorisch, unabhängig davon, in welchem Rhythmus unterjährig Umsatzsteuer-Voranmeldungen abgegeben werden.

Termine für die Umsatzsteuer-Voranmeldung

Die Umsatzsteuer-Voranmeldungen sind bei monatlicher Meldepflicht spätestens am 10. des jeweiligen Folgemonats abzugeben. Beispielsweise muss der Unternehmer seine Voranmeldung für den Monat Februar bis zum 10. März abgegeben haben. Bei vierteljährlicher Meldepflicht gelten die Stichtage 10. April für das 1. Quartal, 10. Juli für das zweite Quartal, 10. Oktober für das dritte Quartal und 10. Januar für das vierte Quartal. Fällt das Datum auf einen Samstag, Sonntag oder Feiertag, verlängert sich die Abgabefrist und Fälligkeit automatisch auf den nächsten Werktag.

Gut zu wissen: Dauerfristverlängerung. Falls für Sie die standardmäßige 10-Tages-Frist zu sportlich bemessen ist, um Ihre Umsatzsteuer-Voranmeldung abzugeben, beantragen Sie eine Dauerfristverlängerung. Voranmeldung und Geld sind dann erst am Zehnten des übernächsten Monats fällig. Beispielsweise brauchen Sie die Voranmeldung für Januar erst am 10. März statt am 10. Februar abzugeben. Weil der Fiskus sein Geld einen Monat später bekommt und er damit Zinsen verliert, müssen Sie vorab eine einmalige Sondervorauszahlung leisten, um in den Genuss der Dauerfristverlängerung zu kommen. Diese Sondervorauszahlung erhalten Sie später zurück – sie wird mit der Umsatzsteuerzahllast für Dezember verrechnet.

Elektronische Übermittlung
Der Fiskus verlangt von Ihnen, dass Sie die Umsatzsteuer-Voranmeldungen auf elektronischem Weg abgeben. Die Daten können Sie mit-

hilfe einer passenden Buchführungs-Software an das Finanzamt über-
mitteln, aber am einfachsten mit der „Elektronischen Steuererklärung"
(kurz „Elster" genannt). Elster ist ein elektronisches Formular bzw. eine
kostenlose Software der Finanzverwaltung, die Sie unter www.elster.de
kostenlos herunterladen können

Umsatzsteuer-Jahreserklärung

Mit der Abgabe der Umsatzsteuer-Voranmeldungen ist es noch nicht
ganz getan. Der Fiskus verlangt noch mehr, nämlich die Abgabe einer
Umsatzsteuer-Jahreserklärung. Rechtlich gesehen wird´s jetzt ernst, da Sie
bislang nur Umsatzsteuer-Voranmeldungen abgegeben haben. Haben Sie
Ihre Einnahmen-Überschuss-Rechnung fertiggestellt, liegen Ihnen end-
gültige Werte über die eingenommene Umsatzsteuer und die abziehbare
Vorsteuer vor. Diese finalen Beträge vergleichen Sie mit den Angaben in
Ihren Umsatzsteuer-Voranmeldungen. Je nachdem, ob Sie im Rahmen
Ihrer Voranmeldungen zu wenig oder zu viel vorausgezahlt haben, müssen
Sie noch nachzahlen oder erhalten eine Erstattung. Die Umsatzsteuer-
Jahreserklärung ist bis zum 31. Juli des Folgejahres beim Finanzamt ein-
zureichen. Sofern Sie einen Steuerberater beauftragt haben, verlängert
sich die Frist automatisch bis zum 28.2. des übernächsten Jahres.

Welcher Umsatzsteuersatz: 0 %, 7 % oder 19 %?

Der allgemeine Umsatzsteuersatz (= Regelsteuersatz) in Deutschland
beträgt 19 %. Die meisten Selbstständigen unterliegen mit ihren Umsätzen dem Regelsteuersatz. Allerdings: Der Gesetzgeber gewährt aus
politischen, sozialen oder wirtschaftlichen Gründen bestimmten Waren
oder Leistungen den ermäßigten Steuersatz von 7 %. Eine Reihe von
Unternehmen oder Leistungen sind sogar vollständig umsatzsteuer-
befreit (0 %).

Zu den wichtigsten Waren und Leistungen, die dem ermäßigten Steuersatz von 7 % unterliegen, zählen:

➲ Lebensmittel (des täglichen Bedarfs)

➲ Pflanzen und Tiere

➲ Bücher, Zeitschriften

➲ Kulturelle Veranstaltungen (z. B. Theateraufführungen, Konzerte, Museen), sowie Kunstgegenstände u. Ä.

➲ Hotelübernachtungen und Personennahverkehr (bis 50 km): Taxi, öffentliche Verkehrsmittel, Bahn.

Zu den selbstständigen Berufen oder auch Einrichtungen, deren Leistungen **vollständig von der Umsatzsteuer befreit** sind, zählen hauptsächlich:

➲ medizinische Berufe: Ärzte (Humanmedizin), Heilpraktiker, Hebammen, Krankengymnasten, Psychotherapeuten u. Ä.

➲ Bausparkassen- und Versicherungsvertreter

➲ staatlich anerkannte Schulen und Bildungsträger

➲ Krankenhäuser, Pflegeheime und ambulante Pflegedienste

➲ gemeinnützige Einrichtungen

Aufgepasst: Es gilt grundsätzlich: wenn keine Umsatzsteuer, dann auch kein Vorsteuerabzug. Das heißt: Wenn Sie mit Ihren Einnahmen von der Umsatzsteuer befreit sind, sind Sie im Gegenzug nicht zum Vorsteuerabzug berechtigt, können sich also die gezahlte Vorsteuer nicht vom Fiskus zurückholen. Bei gemischten Umsätzen, also wenn Ihre Umsätze teilweise umsatzsteuerpflichtig und teilweise umsatzsteuerfrei sind, dürfen Sie die Vorsteuer nur anteilig abziehen.

Aber: Von dem Vorsteuerausschluss sind wiederum steuerfreie Auslandsumsätze ausgenommen, die Ausfuhrlieferungen, innergemeinschaftliche EU-Lieferungen und bestimmte grenzüberschreitende Dienstleistungen betreffen. Also: Trotz Umsatzsteuerbefreiung erlaubt der Gesetzgeber in diesen Fällen ausnahmsweise den Vorsteuerabzug.

Kleinunternehmerregelung: Ja oder Nein?

Die Kleinunternehmerregelung gewährt Ihnen umsatz-steuerliche Erleichterungen: Sie müssen Ihren Kunden keine Umsatzsteuer in Rechnung stellen und sparen sich die lästigen Umsatzsteuer-Voranmeldungen. Als umsatzsteuerlicher Kleinunternehmer gelten Sie, wenn Ihre Umsätze bestimmte Grenzen nicht überschreiten, genauer:

> ❶ wenn Ihr Gesamtumsatz im Vorjahr unter 22.000 € lag
>
> **und**
>
> ❷ im laufenden Jahr die Marke von 50.000 € **voraussichtlich** nicht überschreitet.

In diesem Fall dürfen Sie die Kleinunternehmerregelung in Anspruch nehmen. Unter Gesamtumsatz ist die Summe aller steuerpflichtigen Umsätze und Privatanteile zuzüglich der darauf entfallenden Umsatzsteuer zu verstehen. Bei der Berechnung des Gesamtumsatzes bleiben umsatzsteuerbefreite Umsätze unberücksichtigt.

Wenn Sie mit Ihrer Selbstständigkeit beginnen, ist im Gründungsjahr für Sie die Umsatzgrenze von 22.000 € maßgebend; sie ist allerdings zeitanteilig anzuwenden. Wenn Sie im Juli starten, dann darf der voraussichtliche Umsatz 11.000 € (= 6/12 × 22.000 €) nicht überschreiten. Angefangene Monate sind bei der Umrechnung als volle Monate zu berücksichtigen.

Für das laufende Jahr ist immer auf den **voraussichtlich erzielbaren** Umsatz abzustellen. Sollte sich der tatsächliche Umsatz im Nachhinein als höher herauskristallisieren, dann haben Sie für dieses Jahr keine Strafen oder Nachzahlungen zu befürchten. Aber: Im Folgejahr fallen Sie automatisch aus der Kleinunternehmerregelung raus, weil die Vorjahresumsatzgrenze überschritten ist. Das heißt auch: Wenn Sie in den dauerhaften Genuss der Kleinunternehmerregelung kommen wollen, müssen Ihre Umsätze in jedem Jahr unter 22.000 € liegen. Wichtig ist, dass Sie Ihre Umsätze stets im Blick haben. Sobald Sie in einem Jahr die 22.000-€-Grenze geknackt haben, greift im Folgejahr sofort die Umsatzsteuerpflicht. Stellen Sie erst später fest, dass Sie Umsatzsteuer auf Ihre Rechnungen hätten aufschlagen müssen, ist es meistens zu spät. Rechnungen sind oft nicht mehr änderbar. Die Konsequenz: Sie müssen die fällige Umsatzsteuer aus Ihren eingenommenen Umsätzen herausrechnen und nachzahlen, obwohl Sie sie von Ihren Kunden gar nicht bekommen haben. Das tut weh! Sinkt in einem Jahr Ihr Gesamtumsatz wieder unter die Marke von 22.000 €, dürfen Sie im Folgejahr zur Kleinunternehmerregelung zurückkehren.

Beachten Sie: Die Kleinunternehmerregelung ist ein Wahlrecht. Der Gesetzgeber gibt Ihnen die Möglichkeit, auf die Steuerbefreiung zu verzichten und freiwillig zur Umsatzsteuerpflicht zu optieren. Haben Sie sich im Rahmen Ihrer Existenzgründung dafür entschieden, sind Sie allerdings für fünf Jahre daran gebunden. Nach den fünf Jahren können Sie wieder die Kleinunternehmerregelung anwenden, vorausgesetzt, Sie liegen unter den bekannten Umsatzgrenzen.

Die Kleinunternehmerregelung ist nicht immer von Vorteil

Klingt verlockend: Keine Umsatzsteuer in Rechnung stellen und das Theater mit den Umsatzsteuer-Voranmeldungen sparen. Aber das ist nur eine Seite der Medaille. Da Sie für den Fiskus keine Umsatzsteuer eintreiben, bekommen Sie im Gegenzug auch keine gezahlte Vorsteuer erstattet. Das kann für Sie von Nachteil sein. Eingenommene Umsatzsteuer mit gezahlter Vorsteuer zu verrechnen, kann bares Geld bringen. Gerade in der Startphase tätigen viele Gründer teure Anschaffungen und geben mehr aus, als sie einnehmen. Durch den Vorsteuerabzug werden die Investitionen und Ausgaben günstiger, sie verbilligen sich nämlich um die erstattete Vorsteuer.

Ob die Kleinunternehmerregelung für Sie vorteilhafter ist oder ob Sie mit der **Regelumsatzbesteuerung** besser abschneiden, lässt sich nicht pauschal beantworten, sondern hängt vom Einzelfall ab. Stehen Sie vor der Entscheidung „Kleinunternehmer oder nicht?", sollten Sie die folgenden Kriterien abwägen: Arbeiten Sie hauptsächlich für andere Unternehmen oder für Privatkunden? Haben Sie größere Investitionen oder hohe laufende Ausgaben, die mit Vorsteuer belastet sind?

Bei Ihrer Entscheidungsfindung können Sie folgende Faustregeln beherzigen:

⮞ Bieten Sie Ihre Leistungen nur umsatzsteuerpflichtigen Unternehmen an, dann ist grundsätzlich die Regelumsatzbesteuerung vorteilhafter. Einerseits tut die in Rechnung gestellte Umsatzsteuer Ihren Geschäftskunden nicht weh, sie holen sich die gezahlte Umsatzsteuer nämlich als Vorsteuer vom Finanzamt zurück; die in Rechnung gestellte Umsatzsteuer wirkt sich damit nicht kostenbelastend für Ihre Geschäftskunden aus. Andererseits erwerben Sie selbst den Steuervorteil des Vorsteuerabzugs, damit werden Ihre Ausgaben billiger.

⮞ Wenn Sie hauptsächlich für Privatkunden oder umsatz-steuerbefreite Unternehmen tätig sind, schneiden Sie mit der Kleinunternehmerregelung vielleicht besser ab. Denn bei Umsatzsteuerpflicht müssen Sie Umsatzsteuer auf jede Rechnung aufschlagen und damit erhöht sich der Endpreis für Ihre Kunden. Die gezahlte Umsatzsteuer können sich Privatkunden oder umsatzsteuerbefreite Unternehmen aber nicht vom Finanzamt zurückholen – sie sind damit wirtschaftlich mit der Umsatzsteuer belastet. Als Kleinunternehmer weisen Sie erst gar keine Umsatzsteuer aus und Ihre Privatkunden zahlen faktisch nur den Nettobetrag. Im Vergleich zu Ihren umsatzsteuerpflichtigen Mitbewerbern können Sie Ihre Leistungen um die ersparte Umsatzsteuer günstiger anbieten – damit haben Sie einen Angebotsvorteil. Sofern Sie zudem noch wenig vorsteuerbelastete Ausgaben haben, fahren Sie wahrscheinlich mit der Kleinunternehmerregelung besser.

Was aber tun, wenn Sie gemischte Auftraggeber haben, also sowohl vorsteuerabzugsberechtigte Geschäftskunden als auch Privatkunden? In diesem Fall heißt es: rechnen! Sie müssen abwägen, ob die höheren Kosten aufgrund des fehlenden Vorsteuerabzugs nicht den Preisvorteil für Privatkunden aufgrund der ersparten Umsatzsteuer auffressen. Je niedriger Ihre Kosten und Investitionen im Verhältnis zum erzielbaren Umsatz, desto mehr spricht für die Kleinunternehmerregelung. Aber fragen Sie sich auch, ob Ihnen die Kleinunternehmerregelung aus Imagegründen steht. In Ihren Rechnungen müssen Sie darauf hinweisen, dass Sie keine Umsatzsteuer erheben dürfen. Damit outen Sie sich natürlich als kleines Unternehmen. Nicht selten ist deswegen schon ein Auftrag verloren gegangen.

Richtig abrechnen: die ordnungsgemäße Rechnung

Egal, ob Sie selber eine Rechnung schreiben oder eine Rechnung bekommen: Achten Sie immer darauf, dass alle formalen Voraussetzungen für eine ordnungsgemäße Rechnung erfüllt sind. Sie müssen deswegen so genau auf die Rechnungsformalien achten, weil bei unvollständigen Rechnungen der Verlust des Vorsteuerabzugs droht!

Denn: Die Rechnung erfüllt im Umsatzsteuersystem eine wichtige Funktion. Der leistende Unternehmer erklärt mit der Rechnung, dass er die eingenommene Umsatzsteuer an die Staatskasse abführt, und der Rechnungsempfänger erwirbt mit der Rechnung das Recht zum Vorsteuerabzug. Genau prüfen gilt also gleich doppelt: zum einen für Ihre Eingangsrechnungen, weil Fehler Ihren Vorsteuerabzug gefährden. Zum anderen sollten Sie als Rechnungsaussteller fehlerfreie Ausgangsrechnungen erstellen, um Ärger mit den Kunden und unnötige Mehrarbeit zu vermeiden. Geld für den Fiskus, Ärger mit den Kunden – das muss nicht sein. Damit es keine Probleme gibt, ist auf die Einhaltung folgender Kriterien bei Ihren Rechnungen zu achten:

Was auf einer Rechnung nicht fehlen darf

Welche Mindestangaben eine Rechnung enthalten muss, hängt in erster Linie vom Rechnungsbetrag ab. Bei Kleinbetrags-rechnungen mit einem Gesamtbetrag unter 250 € gelten Erleichterungen. Dagegen sind bei Rechnungen, die den Rechnungsbetrag von 250 € inklusive Umsatzsteuer überschreiten, grundsätzlich die folgenden Pflichtangaben erforderlich:

Pflichtangaben bei Rechnungsbeträgen > 250 €

❶ Name und Anschrift des leistenden Unternehmers und des Leistungsempfängers

❷ Steuernummer oder Umsatzsteuer-Identifikations-nummer des leistenden Unternehmers

❸ Rechnungsdatum

❹ Fortlaufende Rechnungsnummer

❺ Menge und Bezeichnung der gelieferten Produkte bzw. Art und Umfang der erbrachten Dienstleistungen

❻ Liefer- oder Leistungsdatum

❼ Nettoentgelt, aufgeschlüsselt nach Steuersätzen und Steuerbefreiungen sowie eine im Voraus vereinbarte Minderung des Entgelts (z. B. Skonto)

❽ Umsatzsteuersatz und Umsatzsteuerbetrag, aufgeschlüsselt nach Steuersätzen, und im Fall der Steuerbefreiung ein Hinweis auf die zutreffende Steuerbefreiungsvorschrift

---

Jetzt fragen Sie sich sicherlich: Auf der Quittung von der Tankstelle oder aus dem Büroartikelmarkt steht aber mein Name nicht drauf – verliere ich jetzt meinen Vorsteuerabzug? Nein, für sogenannte Klein-

betragsrechnungen bis zu einem Gesamtbetrag von 250 € gelten er-
leichterte Anforderungen. Das heißt: Nicht alle der oben genannten
Pflichtangaben wie beispielsweise Ihr korrekter Name und Ihre Anschrift sind erforderlich. Kleinbetragsrechnungen müssen die folgenden
Mindestangaben enthalten:

Pflichtangaben bei Rechnungsbeträgen < 250 €
❶ Name und Anschrift des leistenden Unternehmers
❷ Genaue Liefer- bzw. Leistungsbezeichnung
❸ Bruttoentgelt
❹ Umsatzsteuersatz

Bitte beachten Sie, dass bei bestimmten Umsätzen Besonderheiten bei
der Rechnungsstellung gelten, z. B. bei Auslandsgeschäften, Bauleis-
tungen, Differenzgeschäften u. a. Übrigens: Kleinunternehmer müssen
auf ihrer Rechnung den Grund für die fehlende Umsatzsteuer angeben; ein solcher Hinweis könnte so aussehen: „Der Rechnungsbetrag
enthält nach § 19 UStG keine Umsatzsteuer."

Die Gewerbesteuer – ein Unikat

Die deutsche Gewerbesteuer ist ein echtes Unikat, denn im Ausland sucht man nach einer Steuer dieser Art vergeblich. Der Gedanke hinter der Gewerbesteuer: Sie soll Ausgleich für die Infrastrukturlasten schaffen, die durch die Ansiedlung von Gewerbebetrieben verursacht werden. Die Gelder aus der Gewerbesteuer fließen fast vollständig in den Gemeindesäckel und jede Gemeinde hat das Recht, die Höhe der Gewerbesteuer über den Hebesatz selbst zu steuern.

Wer muss Gewerbesteuer zahlen und wie viel?

Der Name sagt es: Wer einen Gewerbebetrieb betreibt, unterliegt der Gewerbesteuer, also jeder Gewerbetreibende. Im Umkehrschluss heißt das: Für Freiberufler ist die Gewerbesteuer kein Thema. Kapitalgesellschaften sind kraft Rechtsform der Gewerbesteuer unterworfen. Gewerbesteuerpflichtig sind zwar alle Gewerbetreibenden, aber gewerbliche Einzelunternehmer und Personengesellschaften profitieren von einem Freibetrag in Höhe von 24.500 €. Sofern also Ihr Gewinn unter dieser Marke liegt, ist keine Gewerbesteuer fällig. Erst wenn Sie diesen Freibetrag überschreiten, ist auf den übersteigenden Betrag Gewerbesteuer zu zahlen. Angenommen, Ihr Gewinn beträgt 25.000 €, dann sind 24.500 € frei und der Restbetrag von 500 € ist der Gewerbesteuer zu unterwerfen. Kapitalgesellschaften erhalten keinen Freibetrag.

Ausgangswert „Gewinn"

Bemessungsgrundlage für die Gewerbesteuer ist der Gewerbeertrag. Achtung, der Gewerbeertrag ist nicht gleichzusetzen mit dem Gewinn aus Ihrem Gewerbebetrieb. Ausgangswert für die Berechnung ist zwar grundsätzlich der Gewinn, dieser ist jedoch noch um eine Reihe von gewerbesteuerlichen Hinzurechnungen und Kürzungen anzupassen. Ist der Gewerbeertrag ermittelt, ist im nächsten Schritt der Gewerbesteuermessbetrag zu berechnen, der sich aus der Multiplikation des Gewerbeertrags mit der einheitlichen Steuermesszahl von 3,5 % ergibt. Zum Schluss ist der ermittelte Gewerbesteuermessbetrag mit dem von Ihrer Heimatgemeinde festgelegten Hebesatz zu multiplizieren und das Ergebnis ist die Gewerbesteuer.

Einfach, oder? Das Ganze noch einmal kurzgefasst: Die Gewerbesteuer errechnet sich aus dem vom Gewinn abgeleiteten Gewerbeertrag, multipliziert mit 3,5 % und dem für die jeweilige Gemeinde gültigen Hebesatz. Zur Verdeutlichung nachstehend ein Beispiel.

Beispiel: Angenommen, Sie haben einen Gewinn (genauer: vorläufigen Gewerbeertrag) von 40.000 € und der Hebesatz Ihrer Heimatgemeinde beträgt 360 %, dann fällt Gewerbesteuer in Höhe von 1.953 € an. Der Betrag errechnet sich wie folgt: 40.000 € minus Freibetrag von 24.500 € = 15.500 € Gewerbeertrag × 3,5 % Steuermesszahl = 542,50 € Gewerbesteuermessbetrag × Gemeindehebesatz 360 % = 1.953 € Gewerbesteuer.

Anrechnung der Gewerbesteuer bei der Einkommensteuer

Das ist doch ungerecht: Der Gewerbetreibende muss Gewerbesteuer berappen, der Freiberufler nicht. Klingt nach einer steuerlichen Doppelbelastung für Gewerbetreibende – ist es aber nicht. Denn das wird bei der Kritik leicht vergessen: Die an die Gemeinde gezahlte Gewerbesteuer ist bei der Einkommensteuer anrechenbar, das heißt, die gezahlte Gewerbesteuer mindert Ihre Einkommensteuerschuld. Also zahlt der

Gewerbetreibende zwar Gewerbesteuer und Einkommensteuer, doch aufgrund der Anrechnung der Gewerbesteuer bei der Einkommensteuer zahlt er grundsätzlich betragsmäßig nicht mehr Steuern als der Freiberufler! Das gilt, sofern Ihre Gemeinde einen Gewerbesteuerhebesatz unter 400 % erhebt, dann ist nämlich Ihre gezahlte Gewerbesteuer vollständig auf Ihre Einkommensteuerschuld anrechenbar.

Wenn's mal nicht so läuft – Vortrag von Verlusten

Ein kleiner Trost für den Fall, dass Sie Verluste mit Ihrem Gewerbebetrieb machen: Sie müssen dann keine Gewerbesteuer zahlen und die Verluste können Sie steuerlich vortragen. Das heißt, Sie können die Verluste in den Folgejahren mit Gewinnen verrechnen und so Steuern sparen.

Steuererklärung und Vorauszahlungen

Die Gewerbesteuererklärung ist grundsätzlich bis zum 31. Juli des Folgejahres beim Finanzamt einzureichen – haben Sie einen Steuerberater, verlängert sich die Frist automatisch bis zum 28. Februar des übernächsten Jahres.

Das Besteuerungsverfahren bei der Gewerbesteuer verläuft zweigeteilt. Das Finanzamt ist zuständig für die Festsetzung des Gewerbesteuermessbetrags und für den Erlass des Gewerbesteuermessbetragsbescheids. Die Gemeinde schlägt dann auf den vom Finanzamt ermittelten Gewerbesteuermessbetrag ihren Hebesatz auf und teilt Ihnen die zu zahlende Gewerbesteuer per Gewerbesteuerbescheid mit. Zahlen müssen Sie die Gewerbesteuer an Ihre Gemeinde.

Unterjährig sind vierteljährliche Gewerbesteuer-Vorauszahlungen zu leisten. Die Termine sind 15. Februar, 15. Mai, 15. August und 15. November. Basis für die Festsetzung der Vorauszahlungen sind in den ersten beiden Jahren Ihrer Selbstständigkeit Ihre Angaben im steuerlichen Fragebogen; danach bemessen sich die Vorauszahlungen auf der Grundlage des letzten Steuerbescheids. Sollten sich im laufenden Jahr Änderungen gegenüber den finanziellen Verhältnissen ergeben, auf denen die Vorauszahlungen basieren, können Sie jederzeit beim Finanzamt einen Antrag auf Anhebung oder Herabsetzung der Vorauszahlungen stellen.

■ Liquiditätsfalle Steuervorauszahlungen

O b Einkommensteuer oder Gewerbesteuer: Ihre tatsächliche Steuerschuld lässt sich erst nach Ablauf des Jahres im Zuge der Steuererklärung ermitteln. Der Fiskus will aber nicht ein ganzes Jahr auf seine Einnahmen warten, sondern hält bereits unterjährig die Hand auf. Das heißt, Sie haben vierteljährliche Vorauszahlungen auf Ihre später festzustellende Steuerschuld zu leisten.

Das System der Vorauszahlungen ist kein Novum des Steuerrechts, sondern begegnet uns in vielen Bereichen des Alltags. Beispielsweise bei der Stromabrechnung: Am Anfang werden Vorauszahlungen für den Stromverbrauch geschätzt, später werden durch Ablesen des Stromzählers der tatsächliche Stromverbrauch und die Stromkosten ermittelt. Je nachdem, ob Sie zu viel oder zu wenig vorausgezahlt haben, kommt es zu einer Erstattung oder Nachzahlung.

Das Gleiche gilt für das Steuerrecht: Erst vierteljährlich vorauszahlen, später bei der endgültigen Steuerfestsetzung eine Erstattung kassieren oder nachzahlen!

Existenzgründer legen die Höhe der Vorauszahlungen am Anfang selbst fest, indem sie im steuerlichen Fragebogen die Fragen zum erwarteten Gewinn im ersten und zweiten Jahr beantworten. Die sich aus diesen Angaben ergebende Jahressteuer ist dann in vier Raten vorauszuzahlen. Liegt der erste Steuerbescheid vor, werden auf seiner Basis die Vorauszahlungen für das laufende Jahr festgesetzt. In den Folgejahren basieren die laufenden Vorauszahlungen immer auf dem zuletzt festgesetzten

Bescheid. Das Finanzamt geht also von der vereinfachten Annahme aus, dass Ihre aktuellen Einkommensverhältnisse genauso wie im letzten Steuerbescheid sind.

Doch Obacht: Die Fehleinschätzung von Vorauszahlungen gehört zu den häufigsten Fallstricken bei Existenzgründungen. Rechnen Sie deswegen von Anfang an mit dem Finanzamt, aber realistisch! Wenn Sie zu Beginn Ihrer Selbstständigkeit versuchen, sich gegenüber dem Finanzamt arm zu rechnen, um möglichst geringe oder vielleicht gar keine Vorauszahlungen leisten zu müssen, droht beim ersten Steuerbescheid das böse Erwachen.

Aber auch der umgekehrte Fall, wenn Sie zu hohe Vorauszahlungen leisten, kann Sie in die Liquiditätskrise reißen. Sie zahlen auf Gewinne Steuern voraus, die Sie nicht erwirtschaften. Geld, das in Ihrem Betrieb fehlt!

So oder so: Behalten Sie die Höhe Ihrer Vorauszahlungen im Blick. Dies setzt voraus, dass Sie Ihre Buchführung zeitnah im Griff und Ihren Gewinn vor Augen haben. Rechnen Sie Ihren laufenden Gewinn aufs Jahr hoch und gleichen Sie Ihre Schätzung mit den Grundlagen ab, auf denen die Vorauszahlungen basieren. Sofern sich eine hohe Abweichung nach oben oder unten ergibt, reagieren Sie, indem Sie einen Änderungsantrag beim Finanzamt stellen oder Rücklagen bilden.

■ Die Einkommensteuer – eine für alle

Eine für alle: Ob Unternehmer, Arbeitnehmer, Kapitalanleger, Vermieter oder Rentner – über die Universalwaffe Einkommensteuer kriegt der Fiskus fast alle. Die Einkommensteuer ist eine Personensteuer, das heißt, sie greift auf die Einkunftsquellen von natürlichen Personen zu. Dabei spielen weder die Staatsangehörigkeit noch das Alter noch das Geschlecht eine Rolle. Einzig und allein die Tatsache, dass Sie in Deutschland wohnen oder sich länger als sechs Monate im Jahr hierzulande aufhalten (gewöhnlicher Aufenthalt), berechtigt den Fiskus, die Hände aufzuhalten.

Die Einkommensteuer ist für Selbstständige die wichtigste Steuer, weil sie betragsmäßig am stärksten ins Gewicht fällt. Und: Der Staat hält nicht nur bei Einkünften aus Ihrer unternehmerischen Tätigkeit die Hand auf, sondern erhebt auch Steueransprüche auf Einkünfte aus allen denkbaren Geldquellen – sogar auf Einkünfte, die Sie im Ausland erzielen.

Unter **Einkünften** versteht der Gesetzgeber nichts anderes als die Differenz aus den jeweiligen Einnahmen und Ausgaben einer Einkunftsart. Bei unternehmerischen Einkünften ist das bekanntlich der Gewinn bzw. Verlust.

Die Einkommensteuer kennt sieben Einkunftsarten:

Sieben Einkunftsarten des Einkommensteuerrechts
❶ Einkünfte aus Land- und Forstwirtschaft
❷ Einkünfte aus Gewerbebetrieb (als Gewerbetreibender)
❸ Einkünfte aus selbstständiger Arbeit (als Freiberufler)
❹ Einkünfte aus nichtselbstständiger Arbeit (als Arbeitnehmer)
❺ Einkünfte aus Kapitalvermögen
❻ Einkünfte aus Vermietung und Verpachtung
❼ Sonstige Einkünfte (z. B. Renten)

Ermittlung des zu versteuernden Einkommens

Die Einkommensteuer ist eine Jahressteuer. Nach Ablauf eines jeden Kalenderjahres ermittelt der Steuerpflichtige die Einkünfte für jede Einkunftsart zunächst einzeln, so etwa die Einkünfte aus selbstständiger Tätigkeit und die Einkünfte einer eventuell daneben noch ausgeübten nichtselbstständigen Tätigkeit. Das Ergebnis der einzelnen Einkünfte wird dann in einen Topf geschmissen und vermischt. So können Verluste aus einer Einkunftsart mit positiven Einkünften aus anderen Quellen verrechnet werden. Übrigens: Wenn Sie verheiratet sind und gemeinsam mit Ihrem Ehepartner eine Steuererklärung abgeben, werden auch dessen Einkünfte beigemischt. Das Gemisch aller Einkünfte nennt sich dann auf Amtsdeutsch **Summe der Einkünfte**.

Nun beginnt die private, aber steuerlich zu berücksichtigende Sphäre des Steuerpflichtigen. Denn ausgehend von der Summe der Einkünfte können noch bestimmte Privatausgaben, nämlich **Sonderausgaben** und **außergewöhnliche Belastungen**, und eventuelle **Freibeträge** abgezogen werden. Auch etwaige **Verlustvorträge aus Vorjahren** sind vorweg abziehbar. Das Überbleibsel ist das zu versteuernde Einkommen, auf das letztlich der Steuertarif anzuwenden ist.

Das war die Kurzform – das genaue Berechnungsschema des zu versteuernden Einkommens ist in Wahrheit etwas komplizierter.

Ermittlung des zu versteuernden Einkommens (leicht verkürzte Darstellung)

Summe der sieben Einkunftsarten (siehe oben)

– **Altersentlastungsbetrag**

= Gesamtbetrag der Einkünfte

– **Verlustvortrag aus Vorjahren**

– **Sonderausgaben**

– **außergewöhnliche Belastungen**

= **Einkommen**

– **Freibeträge (z. B. Kinderfreibetrag)**

= zu versteuerndes Einkommen

× Steuertarif

= zu zahlende Einkommensteuer

Verluste: Verlustvortrag und Verlustrücktrag

Nicht selten entstehen in der Startphase Anlaufverluste, aber auch später kann immer mal ein verlustträchtiges Jahr vorkommen. Davor ist kein Unternehmer gefeit. Diese Verluste gehen nicht verloren, sondern sie können zunächst im Entstehungsjahr mit anderen eigenen Einkünften oder bei Zusammenveranlagung mit Einkünften Ihres Ehepartners verrechnet werden. Wenn danach immer noch ein Verlustbetrag bleibt, können Sie damit Ihre Steuern in anderen Jahren senken. Sie haben die Möglichkeit des **Verlustvortrags**, das heißt, Sie können den Verlust in künftigen Jahren von positiven Einkünften abzuziehen. Alternativ können Sie auch durch einen **Verlustrücktrag** den Verlust auf Ihre Einkünfte des Vorjahres anrechnen lassen und sich so im Vorjahr gezahlte Einkommensteuer zurückholen. Sie können grundsätzlich frei wählen, ob und inwieweit Sie Verluste vortragen oder auf das Vorjahr zurücktragen. Rechnen Sie einfach aus, welche Alternative für Sie lohnenswerter ist.

Ein Beispiel: Ein Rechtsanwalt erzielt in 2017 als Angestellter ein Einkommen von 30.000 € (Einkünfte aus nichtselbstständiger Arbeit) und zahlt Lohnsteuer in Höhe von 6.000 €. In 2018 macht sich der Rechtsanwalt selbstständig und investiert kräftig mit der Folge, dass er in 2018 einen Verlust von 80.000 aus Einkünfte aus selbstständiger Arbeit erzielt. In 2019 läuft's und er erwirtschaftet einen Gewinn von 40.000 €.

Im Rahmen seiner Steuererklärung 2018 lässt er von dem erzielten Verlust von 80.000 € einen Teilbetrag von 30.000 € in das Vorjahr zurücktragen und den verbleibenden Verlust von 50.000 € in die Folgejahre vortragen. Das Ergebnis: In 2017 reduziert sich das Einkommen durch den Verlustrücktrag nachträglich auf null und das Finanzamt erstattet die gezahlte Einkommensteuer von 6.000 €. In 2018 wird wegen des Verlustes ohnehin keine Steuer erhoben und in 2019 wird durch den Verlustvortrag der Gewinn von 40.000 € neutralisiert, sodass auch in diesem Jahr keine Steuer anfällt. Für 2020 bleibt ein Verlustvortrag von 10.000 € übrig.

Sonderausgaben und außergewöhnliche Belastungen

Sie wissen: Kosten der privaten Lebensführung sind steuerlich nicht abzugsfähig. Aber aus wirtschaftspolitischen oder sozialen Gründen erklärt der Gesetzgeber ausnahmsweise eine Reihe von Privatausgaben für steuerlich abzugsfähig, nämlich besagte Sonderausgaben und außergewöhnliche Belastungen. Sie bleiben aber von ihrer Art her private Ausgaben.

Das Gesetz zählt einen abschließenden Katalog von Privatkosten auf, die als **Sonderausgaben** steuerlich abzugsfähig sind – zum Teil allerdings nur im Rahmen bestimmter Höchstbeträge. Dabei kann man zwischen Vorsorgeaufwendungen (Beiträge zu Kranken-, Pflege-, Arbeitslosen-, Unfall-, Haftpflicht-, Renten-, Lebens- und Berufsunfähigkeitsversicherungen) und sonstigen Sonderausgaben (z. B. Kirchensteuer, Kinderbetreuungskosten oder Spenden) unterscheiden.

Außergewöhnliche Belastungen sind im Gegensatz dazu im Gesetz nicht beispielhaft aufgezählt, sondern nur allgemein beschrieben. Hat ein Steuerpflichtiger zwangsläufig größere Aufwendungen als die überwiegende Mehrzahl derjenigen Steuerpflichtigen, die die gleichen Einkommens- und Vermögensverhältnisse und den gleichen Familienstand haben wie er, dann liegen außergewöhnliche Belastungen vor. Der Gesetzgeber will all jenen Steuerpflichtigen helfen, die unfreiwillig größere Ausgaben haben. Auf den ersten Blick sollte man glauben, dass hierunter zahlreiche Sachverhalte fallen. Bei genauer Betrachtung legt das Finanzamt die Messlatte allerdings hoch an. Tatsächlich fallen unter außergewöhnliche Belastungen hauptsächlich: Krankheitskosten, Kosten wegen Behinderung, Unterhaltszahlungen oder Pflegekosten.

Achtgegeben: Der Fiskus mutet Ihnen regelmäßig zu, dass Sie einen Eigenanteil dieser Kosten tragen. Daher sind nur jene Ausgaben steuerlich abzugsfähig, die die **zumutbare Belastung** übersteigen. Noch eines: Soweit Sie diese Kosten von Dritten erstattet bekommen, sind Sie nicht belastet und können steuerlich auch nichts geltend machen.

Der Einkommensteuertarif

Die Einkommensteuer errechnet sich durch Anwendung des Steuertarifs auf das zu versteuernde Einkommen. Zuerst muss also das zu versteuernde Einkommen ermittelt werden (siehe oben). Darauf ist in einem zweiten Schritt der Steuertarif aufzuschlagen. Die Einkommensteuer hat einen progressiven Steuertarif. Klingt kompliziert – und ist es auch. Grob übersetzt heißt **Steuerprogression**: Je mehr Sie verdienen, desto größer wird der Anteil, den der Staat als Steuer kassiert. Oder etwas salopp ausgedrückt: Wer mehr Asche macht, wird auch stärker zur Kasse gebeten. Das nennt der Fiskus dann Besteuerung nach der wirtschaftlichen Leistungsfähigkeit.

Der Staat gewährt jedem Steuerpflichtigen einen **Grundfreibetrag**, bis zu dem keine Steuer anfällt. Damit will der Gesetzgeber das Einkommen freistellen, das für den existenznotwendigen Lebensbedarf gebraucht wird (Existenzminimum). Bei Ledigen sind derzeit die ersten ersten 9.408 € des Einkommens steuerfrei und bei Verheirateten bleibt das Doppelte unbesteuert, also 18.816 €. Wenn dieser Grundfreibetrag überschritten ist, geht die steuerliche Belastung los – mit einem Eingangssteuersatz von 14 %. Der Steuersatz steigt mit wachsendem Einkommen bis auf 42 % (57.052 €). Bei Verheirateten gilt immer der doppelte Einkommensbetrag. Wichtig: In dieser Einkommenszone wird nicht jeder verdiente Euro gleich besteuert, sondern jeder zusätzliche Euro wird höher besteuert als der vorhergehende. Anders ausgedrückt: Für jeden Euro zusätzliches Einkommen wird ein höherer Steuersatz veranschlagt. Ab einem Einkommen von 57.053 € (Verheiratete: 114.106 €) wird jeder zusätzlich verdiente Euro mit 42 % gleichbleibend besteuert.

Sie haben´s geschafft, wenn Sie einen Steuersatz von 45 % zahlen. Denn ab einem Einkommen von 270.502 € (Verheiratete: 541.004 €) springt der Steuersatz noch einmal – auf den Reichensteuersatz von 45 %.

Die Einkommensteuer lässt sich wegen des komplizierten Tarifs nicht mal schnell per Hand ausrechnen. Mathematisches Können über die Grundrechenarten hinaus ist Mindestvoraussetzung. Aber keine Angst, es geht auch ohne akrobatische Gehirngymnastik. Denn der Fiskus veröffentlicht Einkommensteuertabellen, aus denen Sie die Einkommensteuer einfach ablesen können. Dabei ist zwischen zwei Tabellen zu unterscheiden: Die Grundtabelle gilt für Alleinstehende und die Splitting-Tabelle für Verheiratete.

Grundtabelle für Ledige/Splitting-Tabelle für Verheiratete (Steuertarif 2020, auszugsweise)			
Zu versteuerndes Einkommen in €	Einkommensteuer in € (Grund/Splitting)	Durchschnitts- steuersatz in % (Grund/Splitting)	Grenzsteuersatz in % (Grund/Splitting)
bis 9.408	0/0	0,0/0,0	0,0/0,0
10.0000	86/0	0,9/0,0	15,2/0,0
20.000	2.346/172	11,7/0,9	26,3/15,2
30.000	5.187/2.170	17,3/7,2	30,5/24,2
40.000	8.452/4.692	21,1/11,7	34,8/26,3
50.000	12.141/7.428	24,3/14,9	39,0/28,4
60.000	16.236/10.374	27,1/17,3	42,0/30,5
70.000	20.436/13.534	29,2/19,3	42,0/32,6
80.000	24.636/16.904	30,8/21,1	42,0/34,8
90.000	28.836/20.488	32,0/22,8	42,0/36,9
100.000	33.036/24.282	33,0/24,3	42,0/39,0

Die Tabellen enthalten neben der Einkommensteuer wichtige Zusatz-informationen für Sie, nämlich den **Durchschnitts- und den Grenz-steuersatz**. Das Wissen um den Durchschnitts- und Grenzsteuersatz hilft Ihnen bei den Fragen, in welcher Höhe Sie Steuerrücklagen bil-den sollten und welche Steuerersparnis Ihre geplanten Investitionen tatsächlich bringen. Der **Durchschnittssteuersatz** gibt an, welcher Prozentsatz des gesamten zu versteuernden Einkommens an Steuern zu zahlen ist. Oder anders gesagt: Er gibt Auskunft darüber, welchen prozentualen Anteil an Ihrem Einkommen der Fiskus als Steuer kas-siert. Angenommen, Sie planen als Alleinstehender mit einem Jahres-einkommen von 50.000 €, dann müssen Sie ein Viertel (24,3 %) Ihres Monatseinkommens für Steuerzahlungen zurücklegen.

Wenn Sie wissen wollen, wie groß der Staatsanteil an Ihren Einnahmen aus einem Zusatzauftrag ist, oder umgekehrt, wie hoch die Steuerersparnis durch eine Investition ist, müssen Sie Ihren Grenzsteuersatz kennen. Der **Grenzsteuersatz** gibt an, mit welchem Prozentsatz ein zusätzlich verdientes Einkommen besteuert wird oder ein Einkommensrückgang (Betriebsausgabe) steuerlich entlastend wirkt. Beachten Sie: Je größer der Einkommensbetrag ist, auf den der Grenzsteuersatz angewandt wird, desto ungenauer ist die errechnete zusätzliche Steuerbelastung oder Steuerentlastung.

Einkommensteuererklärung und Vorauszahlungen

Alle Jahre wieder: Als Selbstständiger müssen Sie für jedes abgelaufene Kalenderjahr grundsätzlich bis zum 31. Juli des Folgejahres eine Einkommensteuererklärung abgeben. Steuerpflichtige, die durch einen Steuerberater vertreten werden, genießen den Vorteil, dass sich die Abgabefrist automatisch bis zum 28. Februar des übernächsten Jahres verlängert. Aber auch, wenn Sie die Steuererklärung selber machen, können Sie eine Fristverlängerung beantragen.

Ehegatten geben üblicherweise gemeinsam eine Steuererklärung ab. Die Zusammenveranlagung ist in der Regel durch gemeinsame Ausnutzung von Freibeträgen und durch Anwendung des Splitting-Tarifs günstiger. Beim **Splitting-Verfahren** wird die Einkommensteuer nach der Hälfte des gemeinsam zu versteuernden Einkommens berechnet und dann verdoppelt. Dadurch wird in Fällen, in denen die Ehegatten unterschiedlich verdienen oder sogar ein Ehepartner kein Einkommen hat, der Progression die Spitze genommen.

Weil der Fiskus nicht ein ganzes Jahr lang auf seine Einnahmen warten will, verlangt er vierteljährliche Vorauszahlungen auf Ihre später festzustellende Steuerschuld, fällig zum 10. März, 10. Juni, 10. September und 10. Dezember.

■ Solidaritätszuschlag und Kirchensteuer

D er Solidaritätszuschlag und die Kirchensteuer sind Ergänzungs-abgaben zur Einkommensteuer. Der Fiskus schlägt sie also auf die Einkommensteuer drauf. Der **Solidaritätszuschlag** ist mit dem Ziel eingeführt worden, die „Deutsche Einheit" zu finanzieren. Klagen über seine angebliche Verfassungswidrigkeit und Rufe nach seiner Abschaffung erschallen seit Jahren, aber der Solidaritätszuschlag hält sich hartnäckig und dank leerer Staatskassen dürfte er sich auch weiterhin eines langen Lebens erfreuen. Der Solidaritätszuschlag beträgt 5,5 % der Einkommensteuer.

Manche Religion gibt´s bedauerlicherweise nicht zum Nulltarif. Gehören Sie einer Kirche an, müssen Sie Kirchensteuer berappen. Die Glaubensabgabe beträgt je nach Bundesland 8 % oder 9 % der Einkommensteuer.

TEIL V

· · · · · · · · · · · · · · ·

Steuerliche Sonderfragen

Geschäftswagen sponsored by Finanzamt?

Deutschland, Autoland. Die Deutschen lieben Autos. Und so weckt auch kaum ein anderes Steuerthema so viel Aufmerksamkeit bei Unternehmern wie die Geschäftswagenbesteuerung. Eine schöne Vorstellung: einen flotten Flitzer fahren, Kunden und Geschäftspartner mit der neuen Kutsche beeindrucken und das Beste: Alles sponsored by Finanzamt?

Wer einen Pkw betrieblich und privat nutzt, kann Steuer sparen – aber auch schnell vom Finanzamt ausgebremst werden. Die weitverbreitete Meinung, dass Unternehmer sämtliche Kosten ihres Geschäftswagens von der Steuer absetzen können, ist nur die halbe Wahrheit. Richtig ist, dass das Finanzamt sich an den Kosten beteiligt. Aber der Fiskus finanziert nicht Ihr Privatvergnügen, nur die Kosten für den betrieblichen Nutzungsanteil des Kfz sind steuerlich absetzbar.

Die Kfz-Besteuerung ist verzwickt, mit lästigen Aufzeichnungspflichten verbunden und stetiger Zankapfel zwischen Steuerpflichtigen und Finanzbehörden. Das Finanzamt kennt verschiedene Besteuerungsmethoden, wobei Sie nicht immer frei nach Lust und Laune wählen können. Ausgangspunkt für die steuerliche Behandlung ist die Frage, ob Sie sich mit einem Privatwagen oder Firmenwagen geschäftlich fortbewegen.

Betriebs- oder Privat-Pkw?

Von einem Betriebs-Pkw oder Geschäftswagen spricht man, wenn der Pkw zum Betriebsvermögen des Steuerpflichtigen gehört. Die Zuordnung zum Privatvermögen oder Betriebsvermögen hängt vom Umfang der betrieblichen Nutzung des Pkw ab, also vom Verhältnis der betrieblichen gefahrenen Kilometer zu den Gesamtkilometern. Zu der betrieblichen Nutzung zählen auch die Fahrten zwischen Wohnung und Betriebsstätte.

Und so sind die Regeln: Nutzen Sie Ihren Pkw zu mehr als 50 % geschäftlich, dann ist Ihr fahrbarer Untersatz zwingend Betriebsvermögen. Liegt die betriebliche Nutzung unter 10 %, ist immer Privatvermögen anzunehmen. Bei einer betrieblichen Nutzung zwischen 10 % und 50 % können Sie entscheiden, ob Sie das Fahrzeug als Betriebsvermögen oder Privatvermögen behandeln (Wahlrecht). Das Ganze zusammengefasst:

Betriebliche Nutzung des Pkw		
< 10 %	> 10 % und < 50 %	> 50 %
Privatvermögen	Privat- oder Betriebsvermögen (Wahlrecht)	Betriebsvermögen

Apropos „dem Betriebsvermögen zuordnen": Das klingt so mystisch. Bedeutet aber nichts anderes, als dass Sie die Kosten für Ihren Wagen in Ihren „Büchern" bzw. in Ihrer Einnahmen-Überschuss-Rechnung ansetzen, wenn er zum Betriebsvermögen gehören soll. Dabei spielt es keine Rolle, ob Sie Ihren Firmenwagen mit Eigenkapital gekauft, finanziert, geleast oder aus dem Privatvermögen eingelegt haben. Zu den Fahrzeugkosten gehören Abschreibungen auf den Kaufpreis oder Leasingraten, falls Ihr Wagen geleast ist, Finanzierungszinsen, Spritkosten, Kfz-Steuer und Versicherung, Reparaturen, Wagenpflege u. a.

Privatwagen ins Betriebsvermögen einlegen: Nicht unüblich bei Existenzgründern ist, dass der privat angeschaffte Pkw ins Betriebsvermögen eingelegt wird. Der Wagen ist dann mit dem aktuellen Marktwert in den Büchern anzusetzen und abzuschreiben. Sofern Sie Ihr Fahrzeug innerhalb von drei Jahren vor der Einlage gekauft haben, ermittelt sich der Marktwert aus dem Kaufpreis abzüglich der bis dato rechnerisch angefallenen Abschreibungen. Sind seit der privaten Anschaffung mehr als drei Jahre verstrichen, ist der Marktwert realistisch zu schätzen. Hierfür können Sie sich beispielsweise an den aktuellen Werten aus der Schwacke-Liste orientieren oder Sie lassen den Preis von einem Kfz-Gutachter schätzen.

Privatwagen betrieblich nutzen

Gehört Ihr Pkw zum Privatvermögen, sind zuerst einmal alle laufenden Kosten für Ihr Fahrzeug wie etwa Benzin, Leasingrate, Kfz-Steuer, Kfz-Versicherung und Co. nicht als Betriebsausgaben abziehbar, sondern Privatsache. Aber: Der Fiskus gewährt Ihnen den Steuerabzug für die betriebliche Nutzung Ihres Privatwagens über eine **Kilometerpauschale**. Das heißt: Für geschäftliche Fahrten können Sie dann pauschal 30 Cent pro gefahrenen Kilometer absetzen – damit sind dann die gesamten Pkw-Kosten steuerlich abgegolten.

Zu den betrieblichen Fahrten zählen nicht nur originäre Geschäftsfahrten wie Kundenbesuche oder Treffen mit Geschäftspartnern, sondern auch Fahrten zur Postfiliale, zur Bank, zum Büroartikelmarkt. Es können die tatsächlich gefahrenen Kilometer angesetzt werden, also die Gesamtstrecke der Geschäftsfahrt mit Hin- und Rückfahrt. Anders bei Fahrten zwischen Wohnung und Betriebsstätte – hier erlaubt der Fiskus nur, die einfache Strecke abzurechnen.

Ihre betrieblich gefahrenen Kilometer müssen Sie aufzeichnen, aber kein aufwendiges, echtes Fahrtenbuch führen. Eine einfache Aufstellung der betrieblichen Fahrten per Hand oder PC mit den Angaben

Datum, Ziel, Anlass der Fahrt sowie Anzahl der gefahrenen Kilometer ist ausreichend. Die Privatfahrten müssen Sie nicht verzeichnen.

Diese Abrechnungsart lohnt sich vornehmlich dann, wenn Sie weniger oft geschäftlich unterwegs sind und eher einen älteren, weniger kostenintensiven Wagen fahren.

Tipp: Wenn Ihnen die 30-Cent-Pauschale zu niedrig erscheint, können Sie auch die nachgewiesenen tatsächlichen Kilometerkosten (jährliche Pkw-Kosten/Jahresfahrleistung) ansetzen. Dafür müssen Sie zwar sämtliche Belege über Ihre Pkw-Kosten sammeln und zusammenrechnen, der Aufwand kann sich aber lohnen.

Besteuerung des Geschäftswagens

Wenn Sie Ihren Wagen dem Betriebsvermögen zuordnen, dann sind zunächst sämtliche Kosten für Ihr Firmenfahrzeug als Betriebsausgaben abziehbar. Im zweiten Schritt ist dann die Privatnutzung Ihres Geschäftswagens als Betriebseinnahme zu versteuern. Denn die Fahrt in den Urlaub, zu Verwandten, Freunden oder zum Sportverein ist Privatvergnügen und darf nicht Ihre Steuerlast drücken. Die bloße Behauptung, der Geschäftswagen werde nicht privat genutzt, reicht dem Fiskus nicht aus. Die Beweislast für den Umfang der betrieblichen bzw. privaten Nutzung des Firmen-Pkw trifft Sie und ist mit lästigen Aufzeichnungspflichten verbunden.

Also: Wer den Geschäftswagen auch privat nutzt, muss diesen Vorteil versteuern.

Um den Vorteil aus der Privatnutzung zu ermitteln, gibt es zwei Methoden:

❶   **Fahrtenbuchmethode**

❷   **1-%-Methode**

Fahrtenbuchmethode

Nach der Fahrtenbuchmethode ermitteln Sie durch das Führen eines Fahrtenbuchs den genauen Anteil der betrieblich und privat gefahrenen Kilometer. Der Privatanteil ist dann den Gesamtfahrzeugkosten als fiktive Betriebseinnahme gegenzurechnen. Doch Vorsicht: Sie müssen eine gesunde Portion Disziplin mitbringen, denn schließlich müssen Sie **jede Fahrt** aufzeichnen. Ohne Ausnahme ist jeder gefahrene Kilometer chronologisch zu dokumentieren. Und so geht's genau: Sie notieren zeitnah und fortlaufend über das ganze Jahr in einem gebundenen Buch alle nachstehenden Informationen:

➲ Datum

➲ Kilometerstand am Beginn und Ende der Fahrt

➲ Reiseziel, Reisezweck und besuchte Geschäftspartner

Bei Privatfahrten und Fahrten zwischen Wohnung und Betrieb gelten Aufzeichnungserleichterungen. In diesen Fällen genügt die Angabe der gefahrenen Kilometer und ein kurzer Vermerk wie „Privat" bzw. „Betrieb".

Ihre Aufzeichnungen müssen Sie zwingend in einem gebundenen Heft oder Buch führen, eine lose Zettelwirtschaft erkennt der Fiskus nicht an. Machen Sie Ihre Eintragungen mit Kugelschreiber, sodass Änderungen, Streichungen und Ergänzungen nachvollziehbar sind. Bei elektronischen Fahrtenbüchern müssen nachträgliche Änderungen der aufgezeichneten Daten technisch ausgeschlossen sein oder zumindest dokumentiert werden können. Einfache Excel-Tabellen genügen dieser Anforderung nicht.

Wichtig: Achten Sie darauf, dass Ihre Kilometerstände laut Fahrtenbuch mit den tatsächlichen Kilometerständen, die sich etwa aus Reparaturrechnungen entnehmen lassen, übereinstimmen. Sonst beanstanden eifrige Finanzbeamte die Ordnungsmäßigkeit Ihres Fahrtenbuchs und es drohen Steuernachzahlungen! Doch nach ständiger Rechtsprechung darf das Finanzamt ein Fahrtenbuch wegen kleinerer Mängel nicht verwerfen, wenn die Angaben insgesamt plausibel sind. Also geben Sie nicht vorschnell klein bei!

Ein Beispiel: Ihre jährlichen Gesamtfahrzeugkosten (Leasingrate, Benzin, Kfz-Steuer etc.) betragen netto – also ohne Umsatzsteuer – 10.000 €. Nach Ihrem Fahrtenbuch ermitteln Sie einen privaten Nutzungsanteil von 30 %, demnach beträgt der betriebliche Anteil 70 %. Als Betriebseinnahme aus der Privatnutzung sind 3.000 € zu erfassen, sodass sich unterm Strich nur 7.000 € der Kfz-Kosten Gewinn mindernd auswirken, was genau dem betrieblichen Nutzungsanteil entspricht.

Umsatzsteuerpflicht des privaten Nutzungsanteils: Die Betriebseinnahme aus der Privatnutzung ist umsatzsteuerpflichtig. Der Umsatzsteuer unterliegen jedoch nur diejenigen anteiligen Kosten für Privatfahrten, bei denen Sie zuvor auch Vorsteuer abgezogen haben. Kfz-Steuer oder Kfz-Versicherung enthalten zum Beispiel keine Vorsteuer, sodass hier auch für den privaten Nutzungsanteil keine Umsatzsteuer anfällt.

1-%-Methode:

Die **1-%-Methode** ist die bequemste Art, die private Nutzung des Firmenwagens zu versteuern. Denn die Privatnutzung wird mit einer Pauschale abgegolten und es muss kein lästiges Fahrtenbuch geführt werden. Mitunter ist diese Methode aber auch die teuerste.

Und so geht´s: Im ersten Schritt buchen Sie Ihre sämtlichen Kfz-Kosten als Betriebsausgaben. Im zweiten Schritt setzen Sie für die Privatnutzung pro Monat pauschal *1 % des Bruttolistenneupreises Ihres Geschäftswagens als fiktive Betriebseinnahme* an. Entscheidend für die Berechnung ist der Listenpreis zum Zeitpunkt der Erstzulassung zuzüglich

Sonderausstattung und Umsatzsteuer. Das gilt selbst dann, wenn Sie Ihren Firmenwagen gebraucht und weit unter dem Neupreis gekauft haben.

Einen Extra-Zuschlag gibt´s für den Fiskus, wenn Sie auch den Weg von zu Hause zum Betrieb mit Ihrem Geschäftswagen zurücklegen. Für den daraus entstehenden Vorteil müssen Sie zusätzlich *pro Monat pauschal 0,03 % des Bruttolistenneupreises je Entfernungskilometer zwischen Wohnung und Betriebsstätte als Betriebseinnahme* berappen. Warum das so ist, erfahren Sie später.

Grob überschlagen kommt so für die Privatnutzung ein stolzer Batzen zusammen. Aber: Mit diesen beiden Pauschalen für die Fahrten zwischen Wohnung und Betrieb – 1 % des Bruttolistenneupreises monatlich plus 0,03 % je Entfernungskilometer zwischen Wohnung und Betriebsstätte – ist dann auch der private Nutzungsanteil abgegolten. Das Finanzamt ist glücklich und Sie haben sich das lästige Fahrtenbuchführen erspart.

Eines noch: Der Gesetzgeber hat eine Hürde für die Anwendung der 1-%-Regelung vorgeschaltet: Sie müssen über einen 3-Monats-Zeitraum nachweisen, dass Sie den Pkw zu mehr als 50 % geschäftlich nutzen. Die überwiegende betriebliche Nutzung können Sie durch formlose Aufzeichnungen glaubhaft machen; dabei reichen Angaben über die betrieblichen Fahrten aus, ein aufwendiges Fahrtenbuch ist nicht erforderlich. Den 3-Monats-Zeitraum können Sie übrigens frei wählen – wenn Sie also einen Zeitraum wählen, in dem zufällig viele Geschäftsfahrten anfallen, kann man Ihnen das nicht ankreiden.

Gut zu wissen: Kostendeckelung - Bei geringen Kfz-Kosten (z. B. Wegfall der Abschreibung) kann die Versteuerung des privaten Nutzungsanteils (fiktive Einnahme) nach der 1%-Regelung über den tatsächlichen Kosten liegen. In diesem Fall ist der Fiskus großzügig und begrenzt den privaten Nutzungsanteil auf die tatsächlichen Kosten

(Kostendeckelung), damit Sie nicht mehr Einnahmen versteuern als Kosten angefallen sind.

1-%-Regelung und Umsatzsteuer: Auch bei der pauschalen 1-%-Methode ist Umsatzsteuer fällig, allerdings unterliegen nur 80 % der ermittelten Betriebseinnahmen aus der Privatnutzung der Umsatzsteuer. Der Gesetzgeber geht davon aus, dass 20 % der Kosten nicht mit Vorsteuer belastet sind (z. B. Kfz-Versicherung, Kfz-Steuer).

Fahrten zwischen Wohnung und Betrieb

Bei der Fahrtenbuch-Methode wie auch bei der 1-%-Regelung dürfen Sie sämtliche Kfz-Kosten von der Steuer abziehen und müssen im Gegenzug für die Privatnutzung eine fiktive Betriebseinnahme ansetzen. In den Gesamtaufwendungen für Ihren Firmenwagen ist auch der Kostenanteil für die Fahrten zwischen Wohnung und Betrieb enthalten. Die Hin- und Rückfahrten zwischen Wohnung und Betrieb gehören zwar zu den betrieblichen Fahrten, dürfen aber nach dem Willen des Gesetzgebers nur in Höhe der Entfernungspauschale abgezogen werden, also mit 0,30 € pro einfache Strecke und Arbeitstag. Der Grund: Als Unternehmer sollen Sie nicht bessergestellt werden als der Arbeitnehmer, der steuerlich nur die Entfernungspauschale abziehen darf. Weil aber in aller Regel die in Ihrer Buchführung tatsächlichen geltend gemachten Kilometerkosten für die Fahrten zwischen Wohnung und Betrieb höher sind, ist der Anteil dieser Kosten, der die Entfernungspauschale übersteigt, nicht als Betriebsausgabe abzugsfähig und muss aus Sicht des Finanzamts gewinnerhöhend korrigiert werden.

Bei der 1-%-Regelung geschieht das pauschal über den Zuschlag von 0,03 % auf den Bruttolistenneupreis für jeden Entfernungskilometer zwischen Wohnung und Betriebsstätte. Im Gegenzug können Sie hiervon wiederum die Entfernungspauschale abziehen. Führen Sie ein Fahrtenbuch, sind die auf die Fahrten zwischen Betrieb und Wohnung fallenden Kosten zu ermitteln und der Entfernungspauschale gegenüberzustellen. Soweit die tatsächlichen Kosten die Pauschale übersteigen, ist der übersteigende Betrag nicht abziehbar und gewinnerhöhend hinzurechnen.

Steuertipp: Elektro- und Hybridelektrofahrzeuge werden steuerlich begünstigt, in dem der geldwerte Vorteil für die Besteuerung halbiert wird.

Steuerlich „besser fahren" – mit welcher Methode?

Mit welcher Methode Sie im wahrsten Sinne des Wortes „besser fahren", lässt sich nicht pauschal, sondern nur für den Einzelfall beantworten. Das hängt davon ab, ob Sie viel betrieblich oder privat fahren, wie hoch der Bruttolistenneupreis und die laufenden Gesamtkosten Ihres Fahrzeugs sind und wie groß die Entfernung zwischen Wohnung und Betrieb ist.

Ein paar grobe Faustregeln: Je mehr Sie betrieblich fahren, desto eher ist die Fahrtenbuch-Methode günstiger. Auch wenn Sie einen älteren Pkw fahren und die laufenden Pkw-Kosten relativ gering sind, ist die Fahrtenbuch-Methode eindeutig die richtige. Denn der 1-%-Zuschlag auf den *Neupreis* führt besonders bei älteren Gebrauchtwagen zu einer unverhältnismäßig hohen Steuerlast. Dagegen kann die 1-%-Methode steuerlich attraktiver sein, wenn Sie einen neuen Geschäftswagen fahren und damit vergleichsweise viel privat unterwegs sind.

Im Zweifel sollten Sie ein Fahrtenbuch führen. Das erfordert zwar einige Disziplin, aber mit einem Fahrtenbuch halten Sie sich alle Optionen offen. Stellen Sie am Jahresende fest, dass die Besteuerung nach der 1-%-Regelung steuerlich vorteilhafter ist, können Sie im Rahmen der Steuererklärung problemlos rückwirkend diese Art der Besteuerung wählen. Umgekehrt ist das nicht möglich, denn schließlich müssen Sie Ihre Aufzeichnungen lückenlos über das ganze Jahr führen, ein nur abschnittsweise geführtes Fahrtenbuch erkennt der Fiskus nicht an.

■ Arbeitszimmer – ein Dauerbrenner vor Gericht

G erade für Existenzgründer und Jungunternehmer, die keine Ge-
schäftsräume anmieten können oder wollen, wird's jetzt spannend.
Es geht um das häusliche Arbeitszimmer.

In der Praxis herrscht oft nicht mehr als ein Halbwissen darüber, was
genau darunter zu verstehen ist. Hier die Auflösung: Ein häusliches
Arbeitszimmer ist ein büromäßig genutzter Raum in der eigenen oder
gemieteten Wohnung bzw. im entsprechenden Wohnhaus, in dem Sie
gedankliche, schriftliche oder verwaltungstechnische Arbeiten erledigen.
Aus dieser Abgrenzung folgt im Umkehrschluss: Ein Büro, das irgend-
wo außerhalb der Wohnung angemietet wird, ist nicht als häusliches
Arbeitszimmer anzusehen. Dasselbe gilt für eine Werkstatt, ein Ton-
studio, einen Lagerraum, eine ärztliche Praxis oder Ähnliches im
eigenen Wohnhaus.

Das Grundproblem: Wegen der unmittelbaren Nähe zum privaten
Wohnraum und damit auch zur privaten Lebensführung hat der Fis-
kus kleinliche Regeln vorgeschaltet, bevor er den Steuerabzug für ein
Heimbüro gewährt.

So sind zwei Fälle zu unterscheiden:

⊃ **Das Arbeitszimmer ist Mittelpunkt Ihrer Arbeit:** Wenn Ihr Arbeitszimmer den alleinigen Mittelpunkt Ihrer gesamten beruflichen Tätigkeit darstellt, ist die Sache klar: Die Kosten für Ihr häusliches Arbeitszimmer können Sie in voller Höhe von der Steuer absetzen. Der Mittelpunkt bestimmt sich nicht vorrangig nach der verbrachten Arbeitszeit im Heimbüro (Quantität), sondern vielmehr kommt es auf die Qualität der im Arbeitszimmer erledigten Arbeiten an. Genauer: Die den jeweiligen Beruf prägenden Arbeiten bzw. Kernaufgaben müssen dort erledigt werden, also nicht nur Hilfstätigkeiten wie etwa Rechnungen schreiben oder Belege buchen.

Beispiel: Der Handwerker, der den ganzen Tag auf der Baustelle tätig ist und nur seine Buchführung im häuslichen Arbeitszimmer erledigt, hat seinen Arbeitsmittelpunkt außerhalb des Heimbüros.

⊃ **Das Arbeitszimmer ist nicht Mittelpunkt Ihrer Arbeit:** Wenn Ihr Arbeitszimmer nicht den alleinigen Mittelpunkt Ihrer selbstständigen Tätigkeit bildet, ist der Steuerabzug zulässig, wenn kein anderer Arbeitsplatz zur Verfügung steht. Das ist beispielsweise der Fall, wenn Sie kein eigens angemietetes Büro und keinen Arbeitsplatz bei einem Auftraggeber oder Geschäftspartner haben. Die angefallenen Kosten sind in diesem Fall jedoch nur beschränkt abzugsfähig bis maximal 1.250 € pro Jahr.

Sonstige Anforderungen an Ihr häusliches Arbeitszimmer: Wenn einer der beiden Fälle bei Ihnen zutrifft, bitte noch nicht freuen. Denn der Fiskus stellt weitere Ansprüche: Ihr Arbeitszimmer muss ein geschlossener Raum sein, eine Arbeitsecke im Wohn- oder Schlafzimmer genügt nicht für den Steuerabzug. Und private Gegenstände im Heimbüro wie beispielsweise Bett oder Fernseher sind tabu, sonst droht die steuerliche Blutgrätsche.

Erfüllt Ihr häusliches Arbeitszimmer diese Voraussetzungen nicht, haben Sie schlechte Karten und der Fiskus setzt den Rotstift an. Aber, noch einmal: Kleinlich ist der Fiskus nur beim häuslichen Arbeitszimmer. Dagegen sind die Kosten für die **häusliche Betriebsstätte** voll steuerlich absetzbar. Häusliche Betriebsstätten sind Werkstätten, Lager- und Ausstellungsräume oder Praxisräume von Rechtsanwälten, Ärzten usw., wenn die Räumlichkeiten für den intensiven und dauerhaften Publikumsverkehr eingerichtet sind. Dasselbe gilt, wenn in den häuslichen Räumen mindestens eine familienfremde Arbeitskraft beschäftigt wird.

Welche Kosten können Sie für Ihr Arbeitszimmer absetzen?

Sie gehören zu den Glücklichen, die Kosten für Ihr häusliches Arbeitszimmer sind abzugsfähig? Gratulation! Aber welche Kosten können Sie genau geltend machen? Anteilig absetzbar sind etwa Miete oder Abschreibung bei Eigentum, Schuldzinsen, Heizung, Strom, Grundbesitzabgaben, Reinigungskosten oder Gebäudeversicherungskosten etc. Um den auf das Arbeitszimmer entfallenden Anteil zu ermitteln, ist die Fläche des Heimbüros ins Verhältnis zur Gesamtwohnfläche zu setzen. Hat Ihre Wohnung beispielsweise insgesamt 100 qm und das Arbeitszimmer 20 qm, beträgt der abzugsfähige Anteil 20 %. Dagegen sind Renovierungskosten, die nur für das Arbeitszimmer anfallen, oder Ausstattungsgegenstände des Arbeitszimmers in voller Höhe abzugsfähig.

Beachten Sie: Betriebliche Arbeitsmittel, wie etwa ein Schreibtisch, Schreibtischstuhl oder Aktenschrank, fallen nicht unter die restriktiven Arbeitszimmerregelungen – sie sind unkompliziert von der Steuer absetzbar.

Buon appetito! – Bewirtungskosten absetzen

A b und zu mit Geschäftspartnern essen gehen, gehört zum guten Ton. Beim Essen und Trinken in netter Atmosphäre lässt sich vieles entspannter besprechen, lassen sich Verträge einfacher schließen. Und wenn sich Vater Staat am kulinarischen Genuss finanziell beteiligt, schmeckt's gleich doppelt so gut. Bewirtungen von Kunden und Geschäftspartnern aus betrieblichem Anlass sind *zu 70 Prozent als Betriebsausgabe absetzbar*. Und die Vorsteuer aus der Bewirtungsrechnung sogar zu 100 Prozent.

Fürstlich speisen und zugleich Steuern sparen – das ist aber an spießbürgerliche Bedingungen geknüpft. Damit kleinliche Fiskalritter Ihnen die Suppe nicht nachträglich versalzen können, müssen Sie außerdem die geschäftliche Veranlassung und die Höhe der Aufwendungen durch folgende Angaben nachweisen:

Bewirtungsbeleg: Anforderungen

➲ Ort und Tag der Bewirtung

➲ Namen der Teilnehmer und Anlass der Bewirtung

➲ Höhe der Aufwendungen und Einzelauflistung aller verzehrten Speisen und Getränke

Wichtig: Im Restaurant müssen Sie sich einen maschinell erstellten und registrierten Bewirtungsbeleg geben lassen – handschriftlich ausgestellte Belege akzeptiert der Fiskus grundsätzlich nicht. Auf Nachfrage erhalten Sie üblicherweise einen Kassenbeleg, der den geforderten Ansprüchen genügt bzw. auf dem Sie die noch erforderlichen Informationen direkt ergänzen können. Sie müssen dann in der Regel nur noch die Namen der Teilnehmer inklusive Ihres eigenen und den geschäftlichen Anlass hinzufügen und das Ganze unterzeichnen.

Bitte beachten Sie, dass Bewirtungsbelege – wie alle anderen Rechnungen auch – für den Vorsteuerabzug alle Angaben einer **ordnungsgemäßen Rechnung** enthalten müssen. Ab Rechnungsbeträgen von 250 € müssen Ihr Firmenname, Ihre Adresse und die übrigen Pflichtangaben auf dem Beleg aufgeführt sein.

Geschäftlicher Anlass: Bei der Angabe des geschäftlichen Anlasses ist der Fiskus etwas pingelig, nur Bezeichnungen wie „Arbeitsessen" oder „Kundenpflege" genügen ihm nicht – Sie müssen schon genauer werden, wie beispielsweise „Abschlussbesprechung Projekt XY".

Haben Sie alle Formalien erfüllt, steht dem Steuerabzug nichts mehr im Wege. Aber zur Erinnerung: Nur 70 % der Bewirtungskosten für Geschäftsfreunde sind steuerlich abzugsfähig. 30 % betrachtet das Finanzamt quasi als privaten **Eigenanteil**, der nicht die Steuer mindern darf. Und wie gesagt: Die Vorsteuer aus dem Bewirtungsbeleg können Sie sich zu 100 Prozent zurückholen.

Ein Beispiel: Von dem Gesamtbetrag Ihrer Bewirtungsrechnung in Höhe von 119 € können Sie sich zunächst 19 € Vorsteuer zurückerstatten lassen. Von dem Restbetrag sind 70 € als Betriebsausgabe abzugsfähig und auf den übrigen 30 € bleiben Sie hocken. Unterstellt, dass Sie einem Einkommensgrenzsteuersatz von 30 % unterliegen, beteiligt sich der Fiskus an Ihrem Geschäftsessen mit insgesamt 40 € (19 € Vorsteuer + 21 € Einkommensteuerersparnis).

Übrigens: Zu den Bewirtungsaufwendungen gehören auch Trinkgelder. Lassen Sie sich dazu die Höhe des Trinkgelds vom Kellner auf dem Beleg bestätigen oder erstellen Sie darüber alternativ einen Eigenbeleg. Vom gegebenen Trinkgeld lässt sich allerdings keine Vorsteuer zurückholen.

Ausnahmen bestätigen wie die Regel: Aufmerksamkeiten und Mitarbeiterbewirtungen unterliegen anders als Bewirtungen für Geschäftsfreunde nicht der eingeschränkten Abzugsfähigkeit.

Aufmerksamkeiten: Kaffee, Kekse und Co.

Wenn Sie in einer Besprechung Ihren Kunden oder Geschäftspartnern Kaffee, Wasser und ein paar Kekse reichen, ist das eine übliche Geste der Höflichkeit. Solche üblichen Aufmerksamkeiten fallen nicht unter Bewirtungen und sind *zu 100 % als Betriebsausgabe abziehbar*.

Bewirtung von Arbeitnehmern

Bei der Bewirtung Ihrer Arbeitnehmer ist der Fiskus erfreulich großzügig. Als Chef können Sie Mitarbeiterbewirtungen zu 100 % in Abzug bringen. Auch wenn Sie Ihren Mitarbeitern Getränke und Süßigkeiten kostenfrei zur Verfügung stellen, sind das vollständig abziehbare Betriebsausgaben. Doch Holzauge, sei wachsam: Übertreiben Sie es mit den Essenseinladungen und den kleinen Aufmerksamkeiten, sind die wohlgemeinten Zuwendungen bei Ihren Mitarbeitern als lohnsteuer- und sozialversicherungspflichtige geldwerte Vorteile zu berücksichtigen.

Geschenke erhalten die Freundschaft und senken die Steuerlast

Kleine Geschenke erhalten die Freundschaft – das gilt auch im Geschäftsleben. Geschäftsfreunden, Kunden oder Mitarbeitern ab und zu ein Präsent zukommen zu lassen, fördert die Geschäftsfreundschaft und das Arbeitsklima und bringt so das eigene Unternehmen voran. Das weiß auch der Fiskus und akzeptiert den Steuerabzug betrieblich veranlasster Geschenke. Wann Vater Staat großzügig ist und wann er die Rote Karte zückt, hängt vom Wert des Geschenks und vom Geschenkempfänger ab. Denn für Kunden und Geschäftsfreunde gelten andere Spielregeln als für Mitarbeiter.

Geschenke an Kunden und Geschäftsfreunde

Zeigen Sie sich nicht allzu spendierfreudig! Denn Geschenke an Kunden oder Geschäftsfreunde sind nur dann Betriebsausgaben, wenn ihr Wert nicht mehr als 35 € netto beträgt (35 € brutto, wenn Sie nicht vorsteuerabzugsberechtigt sind). Kurzum: Ist die 35-€-Grenze auch nur um einen Cent überschritten, ist der Steuerabzug vollständig futsch, sogar der Vorsteuerabzug. Die Freigrenze gilt pro beschenkte Person und Jahr. Für die Prüfung, ob Sie die Schwelle überschritten haben, sind also alle Geschenke eines Empfängers im Jahr zusammenzurechnen.

Ein Zahlenbeispiel: Die geschenkte Flasche Wein an Ihren Kunden für 35 € (netto) ist als Betriebsausgabe abziehbar, dagegen streicht der Fiskus den Abzug gänzlich, wenn der gute Tropfen 36 € (netto) wert ist. Das Gleiche gilt, wenn Sie einem Kunden zwei Flaschen Wein im Wert von jeweils 20 € (netto) im Jahr schenken – auch in diesem Fall ist alles aus der eigenen Tasche zu zahlen!

Der Fiskus knüpft die steuerliche Anerkennung an zusätzlichen Verwaltungswust. Er verlangt von Ihnen, den Namen der Beschenkten und den Anlass – wie etwa Geburtstag oder Geschäftsjubiläum – auf dem Rechnungsbeleg zu notieren. Wenn Sie eine große Zahl an Geschenken verteilen, müssen Sie eine „Geschenkliste" führen. Mit der Bürokratie will man es Steuersparfüchsen schwer machen, private Geschenke wie etwa das Weihnachtspräsent für den Neffen von der Steuer abzusetzen.

Steuerliche Folgen beim Empfänger: Jetzt kommt der blanke Steuerwahnsinn. Die steuerliche Behandlung beim Schenker ist nur eine Seite der Medaille. Die andere Seite: Nach dem Willen des Gesetzgebers muss der Empfänger des Geschenks dessen Wert, sofern über 10 €, als geldwerten Vorteil versteuern. So währt die Freude beim Beschenkten am gut gemeinten Präsent nicht lange. Damit Ihr Geschäftsfreund oder Kunde sich nicht über die zusätzliche Steuerlast ärgert, besteht jedoch die Möglichkeit, Geschenke ohne Nachteile für den Empfänger zuzuwenden. Sie können die Steuer für den Beschenkten übernehmen. Also: Sie führen als Geber eine Pauschalsteuer von 30 % auf den Wert des Geschenks (einschließlich Umsatzsteuer) an Ihr Finanzamt ab. Sie teilen dies Ihrem Geschäftsfreund mit – und er muss das Geschenk nicht als Einnahme in seiner Steuererklärung angeben. So ist das Geschenk auch steuerlich für ihn ein Geschenk.

Aufatmen bei Streuwerbeartikeln: Den ganzen Steuerwahnsinn können Sie sich schenken, wenn Sie kleine Präsente machen. Sogenannte Streuwerbeartikel **bis 10 €** (z. B. Kugelschreiber, Kalender etc.) dürfen Sie getrost verschenken, ohne dass dies den lebensfremden Steuerwust auslöst. Bis zu diesem Betrag zeigt sich der Fiskus erfreulicherweise großzügig. Der Kaufpreis für solche Peanuts ist bei Ihnen voll als Betriebsausgabe absetzbar und weder Sie noch der Empfänger müssen dafür zusätzlich Steuer abdrücken. Auch das Führen einer lästigen Geschenkliste entfällt.

Geschenke an Mitarbeiter

Als Chef können Sie die Kosten für Geschenke an die Belegschaft vollständig als Betriebsausgaben absetzen – unabhängig vom Wert des Geschenks und ganz gleich, ob Geld- oder Sachgeschenk. So weit, so gut und einfach. Aber auch hier aufgepasst: Für den beschenkten Mitarbeiter gilt, dass teure Geschenke als geldwerter Vorteil zu versteuern sind. Wenn die Zuwendung vom Chef den Wert von 60 € übersteigt, muss der Arbeitnehmer Lohnsteuer zahlen. Diese Freigrenze von 60 € gilt nur für **Sach**geschenke. Anders bei Geldgeschenken – sie zählen immer zum steuerpflichtigen Arbeitsentgelt. Wollen Sie, dass die Freude über das Geschenk auch über die nächste Lohnabrechnung hinaus währt, können Sie als Firmenchef auch für Ihren Mitarbeiter – wie bei Geschäftsfreunden und Kunden – die Steuer pauschal mit 30 % übernehmen. Dann bleibt auch das teure Geschenk für Ihren Mitarbeiter steuerfrei.

 Downloadbereich

Informationen zur Besteuerung von Betriebsveranstaltungen (z.B. Weihnachtsfeier) finden Sie unter www.crashkurs-steuern.de im Downloadbereich.

Geschäftlich auf Achse – Reisekosten absetzen

Ob Kundenbesuche, Lieferantenvisiten, Fortbildungen oder Fachmessen – wenn Sie geschäftlich auf Achse sind, können Sie die entstandenen Reisekosten von der Steuer absetzen. Zu den Kosten Ihrer Geschäftsreise zählen:

⮑ Fahrtkosten

⮑ Verpflegungskosten

⮑ Übernachtungskosten

⮑ Reisenebenkosten (z. B. Parkgebühr, Maut etc.)

Grundvoraussetzung dafür, dass sich der Fiskus an den Kosten beteiligt, ist der geschäftliche Anlass der Reise. Den Liebestrip mit der Freundin finanziert der Staat ebenso wenig mit wie den Familienurlaub. Allerdings drückt der Fiskus bei **gemischten Reisen** ein Auge zu. Wer eine Geschäftsreise mit privatem Urlaub verbindet, bekommt einen anteiligen Steuerabzug, wenn sich die Kosten eindeutig in einen geschäftlichen und privaten Teil aufteilen lassen.

Fahrtkosten

Wie Sie Fahrtkosten mit dem Pkw abrechnen – egal, ob Sie mit dem Geschäfts- oder Privatwagen unterwegs sind –, haben Sie bereits auf den vorangegangenen Seiten erfahren. Bewegen Sie sich mit anderen Verkehrsmitteln wie etwa Bus, Bahn, Taxi oder Flugzeug fort, dann sind die Tickets dafür voll absetzbar.

Verpflegungskosten

Kosten für Essen und Trinken sind Ausgaben der privaten Lebensführung und steuerlich nicht abziehbar, zumindest, wenn Sie allein essen gehen. Anders bei Geschäftsessen mit Geschäftsfreunden oder Kunden, diese sind als Bewirtungskosten beschränkt steuerlich abzugsfähig.

Doch der Fiskus weiß: Sich auswärts zu verpflegen, ist teurer als zu Hause, wo Sie sich ein Butterbrot für die Arbeit schmieren können. Für diesen **Verpflegungsmehraufwand** auf Geschäftsreisen zeigt sich das Finanzamt bedingt gönnerhaft und gewährt einen Steuerabzug in Form von Pauschalen. Das heißt, Sie brauchen keine Restaurantbelege zu sammeln, da Sie sowieso nur die Pauschalbeträge abziehen dürfen – egal, ob Sie in einem noblen Restaurant speisen oder einen Fastentag einlegen. Den pauschalen Betriebsausgabenabzug bekommen Sie allerdings erst, wenn Sie mindestens 8 Stunden geschäftlich unterwegs sind.

Folgende Pauschbeträge gelten bei Inlandsreisen:

	Abwesenheitsdauer	Pauschale
Eintägige Reise	Weniger als 8 Stunden	0 €
	Mehr als 8 Stunden	14 €
Mehrtägige Reisen	Anreisetag ohne Zeitvorgaben	14 €
	Abreisetag ohne Zeitvorgaben	14 €
	24 Stunden	28 €

Die Pauschalen gelten übrigens pro Kalendertag. Sind Sie mehrere Tage auf Geschäftsreise, dann dürfen Sie den ersten und letzten Tag nicht zusammenzählen.

Ein **Rechenexempel** macht's klarer: Sie starten am Dienstag um 18 Uhr Ihre Reise und am Donnerstag um 14 Uhr kommen Sie wieder nach Hause. Ergebnis: Sie können 56 € als Verpflegungsmehraufwand ansetzen. Und so wird gerechnet: Für den Dienstag (Anreisetag) gibt's 14 €, für den Mittwoch wegen 24 Stunden Abwesenheit volle 28 € und schließlich für den Donnerstag (Abreisetag) 14 €.

Übernachtungskosten

Die Kosten für Übernachtungen (z. B. im Hotel) können Sie in tatsächlicher Höhe von der Steuer absetzen. Aber Achtung: Sind in der Hotelrechnung auch Kosten für Frühstück, Mittag- oder Abendessen enthalten, sind diese Kostenanteile aus der Rechnung herauszurechnen. Denn dies ist ja „Verpflegung" und mit den Pauschalen bereits abgedeckt.

Übrigens: Nebenkosten der Übernachtung wie Minibar oder „Pay-TV" sind nicht steuerlich abziehbar. Schade!

Reisenebenkosten

Abziehbar sind unter anderem Kosten für die Gepäckaufbewahrung, Trinkgelder, Park- oder Mautgebühren. Wenn Sie keinen Beleg für diese Kosten erhalten haben, schreiben Sie einen Eigenbeleg (mehr dazu im nächsten Kapitel).

Personalkosten: Was kostet mich mein Mitarbeiter tatsächlich?

Das Geschäft brummt und Sie können die Arbeit nicht mehr im Alleingang schultern. Sie sind auf personelle Verstärkung angewiesen, um Ihr Unternehmen voranzubringen. Wenn Sie Mitarbeiter einstellen, entstehen Personalkosten. Und die sind höher, als Sie vielleicht im ersten Moment vermuten. Sie müssen nämlich mehr als das vereinbarte Bruttogehalt zahlen. Für Sie als Arbeitgeber fallen neben dem Gehalt für Ihre Mitarbeiter auch sogenannte Lohnnebenkosten an. Grundsätzlich ist zwischen zwei Arten von Lohnnebenkosten zu unterscheiden:

1. gesetzlich festgelegten Sozialabgaben
2. betriebsinternen/tariflichen Zusatzkosten

Gesetzliche Sozialabgaben

An den gesetzlich festgelegten Sozialabgaben kommen Sie nicht vorbei, die müssen Sie auf jeden Fall zahlen. Dabei handelt es sich um den Arbeitgeberanteil zur Kranken-, Pflege-, Renten- und Arbeitslosenversicherung. Über den Daumen gepeilt sind das zusätzlich 22 Prozent vom Bruttogehalt Ihres Mitarbeiters. Die Sozialversicherung wird zu etwa gleichen Anteilen vom Arbeitgeber und vom Arbeitnehmer getragen. Der Beitrag des Arbeitnehmers wird in seiner Gehaltsabrechnung abgezogen, vom Arbeitgeber einbehalten und zusammen mit dem Arbeitgeberanteil an die entsprechende Krankenkasse abgeführt.

Auch die Lohnfortzahlung bei Krankheit, Urlaub und gesetzlichen Feiertagen unter der Woche gehört in die Kategorie der Pflichtabgaben. Kleine und mittelständische Unternehmen (< 30 Mitarbeiter) haben jedoch das Recht, sich die anfallenden Entgeltfortzahlungen für erkrankte Mitarbeiter von den Krankenkassen erstatten zu lassen. Dafür zahlen Sie als Arbeitgeber Umlagen (Beiträge) an die Krankenkassen.

Die gesetzlichen Lohnnebenkosten, die Sie als Chef berappen müssen, sind auf die gesetzlichen Beitragsbemessungsgrenzen beschränkt. Damit ist festgelegt, bis zu welchem Höchstbetrag des Bruttogehalts Sozialabgaben zu leisten sind. Das darüber hinausgehende Gehalt wird nicht mehr mit Sozialabgaben belastet.

Als Arbeitgeber müssen Sie zudem noch Beiträge zur Berufsgenossenschaft (gesetzliche Unfallversicherung) und Insolvenzgeldumlagen zahlen.

⮷ Exkurs: Minijob

Wollen Sie Mitarbeiter als „Minijobber" (mit einem Gehalt bis zu 450 € pro Monat) beschäftigen, müssen Sie zusätzlich zum Arbeitslohn rund 30 Prozent pauschale Sozialabgaben (13 % Krankenversicherung, 15 % Rentenversicherung, 2 % pauschale Lohnsteuer) zahlen. Der Minijobber ist im Hinblick auf die Höhe der Sozialabgaben der teuerste Mitarbeiter. Weil Sie als Chef für Ihren Minijobber bereits so hohe Abgaben leisten, kommt dafür bei Ihrem Mitarbeiter der Arbeitslohn steuer- und sozialversicherungsfrei (brutto = netto) an. Ihr Minijobber kann von seinem Gehalt einen Eigenanteil (3,7 %) zur gesetzlichen Rentenversicherung leisten und damit einen persönlichen Rentenanspruch erwerben.

Übrigens: Auch der Minijobber hat Anspruch auf Entgeltfortzahlung bei Krankheit, Urlaub und Feiertag.

Tarifliche oder freiwillige Lohnnebenkosten

Neben den gesetzlichen Sozialabgaben können zusätzlich Lohnkosten entstehen, weil Ihr Betrieb an eine Tarifvereinbarung gebunden ist oder weil Sie Ihren Mitarbeitern freiwillige Leistungen gewähren. Darunter fallen beispielsweise das Weihnachts- oder Urlaubsgeld, das 13. Monatsgehalt, vermögenswirksame Leistungen, betriebliche Altersvorsorge oder Aufwendungen für Fort- und Weiterbildungsmaßnahmen. **Wirtschaftlichkeit:** Ein Mitarbeiter kostet Sie Geld. Als Chef dürfen Sie dafür eine Gegenleistung erwarten, die die Personalkosten übersteigt. Das ist nicht verwerflich, sondern betriebswirtschaftlich vernünftig. Welchen Nutzen bzw. Umsatz ein Mitarbeiter erwirtschaften soll, variiert natürlich von Betrieb zu Betrieb und von Branche zu Branche. Aber als Faustregel sollte ein Mitarbeiter **mindestens das 1,5-Fache** dessen einbringen, was er kostet. Stimmt das Verhältnis nicht, sollten Sie sich Gedanken machen.

Steuerfreie Gehaltsextras: mehr netto vom Brutto für Ihre Mitarbeiter

Während von einer klassischen Gehaltserhöhung bei einem gut verdienenden Mitarbeiter nach Abzug der Steuern und Sozialabgaben meist nur rund die Hälfte ankommt, verbleiben die sogenannten steuerfreien Extras in voller Höhe (brutto = netto) in der Geldbörse Ihres Mitarbeiters. Es kommt noch besser: Meist sind diese Extras nicht nur **steuerfrei, sondern auch sozialabgabenfrei.** Als Chef sparen Sie also auch – nämlich Ihren Anteil an der Sozialversicherung. Ein interessantes Gehaltsinstrument für beide Seiten. Steuerfreie Extras sind bestimmte begünstigte Dienst- oder Sachleistungen. Ein Dämpfer vorweg: Nahezu alle Extras sind an kleinliche Voraussetzungen geknüpft und nur in geringer Dosiermenge einsetzbar. Für Gehaltsextras gilt die Regel, dass sie zusätzlich zum ohnehin geschuldeten Arbeitslohn gewährt werden müssen. Die reine Umwandlung von bisherigem Lohn in steuerfreie Extras ist also von der Begünstigung ausgeschlossen, die Extras müssen

„on top" spendiert werden. Gehaltsextras kommen in Betracht, wenn eine Gehaltserhöhung oder Sonderzahlung ansteht oder wenn Sie bei einem neuen Mitarbeiter die Zusammensetzung des Gehalts planen. Zu den beliebtesten Gehaltsextras gehören:

- **Tank-** oder **Warengutscheine** (bis 44 € pro Monat steuerfrei)
- Überlassung von Smartphone, Laptop oder Tablet zur privaten Nutzung
- Überlassung eines **Fahrrads** oder **E-Bikes** zur privaten Nutzung
- **betriebliche Altersvorsorge (Direktversicherung)** im Rahmen bestimmter Höchstbeträge
- **Kindergartenzuschuss** - Übernahme der Betreuungs- und Unterbringungskosten von nicht schulpflichtigen Kindern
- **Zuschläge für Sonntags-, Feiertags- und Nachtarbeit**

Neben den steuerfreien Extras gibt es auch ermäßigt besteuerte Extras (z. B. Fahrtkostenzuschuss für Fahrten Wohnung/Arbeitsstätte). Die kommen bei Ihrem Mitarbeiter ebenfalls brutto wie netto an, aber als Chef müssen Sie dafür pauschale Steuern abführen.

Tipp: Die Gehaltsextras können auch bei Minijobbern eingesetzt werden. Das Gute: Sie werden nicht auf die 450-€-Grenze angerechnet. Dadurch sind sogar Verdienste über 450 € pro Monat möglich, ohne dass der Status eines Minijobs gefährdet ist.

 Downloadbereich

Ein kleines ABC der aufzubewahrenden Unterlagen und Aufbewahrungsfristen finden Sie unter www.crashkurs-steuern.de im Downloadbereich.

◼ Eigenbeleg – Rettungsanker bei fehlendem Beleg

„Keine Buchung ohne Beleg", so lautet eine der Grundregeln in der Buchhaltung. Was ist aber, wenn für eine abzugsfähige Zahlung kein Beleg ausgestellt wurde oder ein Beleg verloren gegangen ist? In der Hektik des Geschäftsalltags kann das schon mal vorkommen. Oft ist es nicht möglich, ein Duplikat des Belegs zu erhalten oder der Betrag, um den es geht, steht in keinem angemessenen Verhältnis zu den Anstrengungen, die nötig wären, um eine Kopie zu beschaffen. Keine Angst, Sie müssen das Geld nicht gleich abschreiben. Es gibt eine Lösung, um den Steuerabzug zu retten: Sie schreiben einen Eigenbeleg!

Wichtig: Auf dem Eigenbeleg sollten Sie möglichst präzise darstellen, wofür, wie viel, wann und an wen gezahlt worden ist und was der Grund für die Ausstellung des Eigenbelegs ist. Im Prinzip müssen auf dem Eigenbeleg die gleichen Angaben wie auf dem Originalbeleg (Fremdbeleg) stehen. Durch Ihre Unterschrift bestätigen Sie die sachliche Richtigkeit Ihrer Angaben. Grundsätzlich gilt: Je genauer die Angaben auf einem Eigenbeleg sind, desto eher wird er akzeptiert. Aus Eigenbelegen darf jedoch kein Vorsteuerabzug geltend gemacht werden – hierfür ist immer eine **ordnungsgemäße Rechnung** erforderlich.

▪ Aufbewahrungspflicht – ab in die Tonne?

Steuererklärungen erledigt – und ab mit dem Steuerkram in die Tonne! Ein befreiender Gedanke, aber so einfach geht´s nicht. Denn Sie haben eine Aufbewahrungspflicht für alle steuerlich bedeutsamen Geschäftsunterlagen. Diese dienen später der Dokumentation und Beweissicherung für die Richtigkeit Ihrer Angaben in den Steuererklärungen, wenn etwa der Fiskus im Rahmen einer Betriebsprüfung Ihre „Bücher" genauer unter die Lupe nimmt. Als Aufbewahrungsfrist für Buchungsunterlagen, Inventare, Jahresabschlüsse usw. wie auch für wichtige Organisationsunterlagen sind 10 Jahre gesetzlich vorgesehen. Für alle anderen bedeutsamen Unterlagen gilt eine Aufbewahrungsfrist von 6 Jahren, etwa für Geschäftsbriefe oder E-Mails. In der Praxis ist die richtige Abgrenzung der Unterlagen oft schwierig. Nicht jeder Brief ist ein Geschäftsbrief, nicht jeder Beleg ein Buchungsbeleg. Im Zweifel gilt: Vorsorgliche Aufbewahrung schützt vor kostenträchtiger Nacherstellung oder Betriebsausgabenkürzung durch das Finanzamt mangels Belegnachweis.

Die Aufbewahrungsfrist beginnt erst am Ende des Kalenderjahrs, in dem der Beleg oder das entsprechende Dokument entstanden ist, also quasi mit dem Knallen der Silvesterböller.

Aufgepasst: Damit im laufenden Verfahren der Fiskus nicht unerwartet vor einem „Datenschwund" steht, verlängert sich die Frist von 6 bzw. 10 Jahren automatisch bis zu dessen Abschluss. Ein solches Vernichtungsverbot gilt etwa für laufende Betriebsprüfungen, Einspruchsverfahren oder gar für steuerstraf- bzw. bußgeldrechtliche Ermittlungsverfahren.

Damit Sie nicht im Papierkram versinken, dürfen Sie bis auf Jahresabschlüsse die Geschäftsunterlagen auch auf einem Bildträger oder
elektronisch speichern. Dabei müssen die Daten mit den Originalen
übereinstimmen und sie müssen rasch für Prüfzwecke verfügbar und
lesbar gemacht werden können.

Bedenken Sie bei der Aufbewahrung von Thermobelegen wie z. B.
Tankquittungen, dass deren Halbwertzeit recht kurz ist. Von solchen
Belegen machen Sie am besten gleich Kopien, damit sie über die ganze
Aufbewahrungsfrist lesbar bleiben.

Und noch eines: „Originär" elektronisch eingegangene Dokumente
sind auch in elektronischer Form aufzubewahren. Eine alleinige Aufbewahrung in Papierform (Ausdruck) genügt nicht den Aufbewahrungspflichten. Dies gilt auch für elektronische Kontoauszüge.

Wichtig: Verstoßen Sie gegen Ihre Aufbewahrungspflichten, kann das
Finanzamt schätzen – und zwar im Regelfall mit nicht zu knappen
Zuschlägen!

Ersetzendes Scannen: Adé Papier! Das Finanzamt hat im Prinzip
nichts dagegen, dass Sie in Papierform eingegangene Belege scannen,
elektronisch archivieren und anschließend die Originalbelege an den
Reißwolf verfüttern. Voraussetzung ist, dass sichergestellt ist, dass die
digitalen Kopien dem Original entsprechen und diese unveränderbar
archiviert bzw. Veränderungen dokumentiert werden (Dokumenten-
managementsystem). Zudem müssen Sie eine Verfahrensdokumenta-
tion erstellen, in der Sie die Arbeits- und Scanprozesse definieren und
festhalten.

◼ Einspruch – so wehren Sie sich gegen den Fiskus

Nach dem Bund der Steuerzahler ist ein Drittel aller Steuerbescheide fehlerhaft. Das Ärgerliche an diesen amtlichen Ausrutschern: Die Fehler gehen regelmäßig zulasten des Steuerzahlers. Wenn Sie sich zu Unrecht von Vater Staat zur Kasse gebeten fühlen, dann wehren Sie sich, denn es geht um Ihr Geld! Also seien Sie nicht zimperlich: Ist irgendetwas nebulös im Steuerbescheid, sollten Sie Einspruch einlegen. Aber wie legt man beim Finanzamt Einspruch ein? Was ist zu beachten?

Frist beachten!

Wer Einspruch einlegen will, sollte nicht zu lange warten. Denn für Ihr Veto haben Sie gerade mal einen Monat Zeit. Die Monatsfrist beginnt schon drei Tage nach dem Erstellungsdatum des Steuerbescheids. Ist Ihnen diese Frist zu sportlich, können Sie auch vorsorglich und ohne Angabe von Gründen Einspruch einlegen. Die Begründung können Sie später ans Finanzamt nachliefern oder den Einspruch zurückziehen – ohne Risiko oder Kosten.

Übrigens: Ob und wo genau der Fiskus den Rotstift angesetzt hat, steht im Kleingedruckten. Im Abschnitt „Erläuterungen" des Steuerbescheids können Sie nachschauen, warum Ihrer Steuererklärung in einzelnen Punkten nicht gefolgt wurde.

Schriftform erforderlich

Der Einspruch muss schriftlich bei Ihrem Finanzamt eingehen, wahlweise per Post, Fax oder E-Mail. Das Einspruchsschreiben können Sie relativ frei formulieren, achten Sie aber darauf, dass Angaben wie Ihr Name und Ihre Steuernummer enthalten sind und der Steuerbescheid (Steuerart, Jahr) genannt wird, gegen den sich Ihr Protest richtet. Damit Ihr freundlicher Fiskalvertreter gleich Bescheid weiß, dass Sie's ernst meinen, benutzen Sie Wörter wie **Einspruch** oder **Widerspruch**. Natürlich sollten Sie auch begründen, warum Sie mit dem Steuerbescheid nicht einverstanden sind. Je stärker Sie Ihren eigenen Standpunkt untermauern, etwa mit Belegen, Urteilen oder Erlassen, desto größer ist die Chance, dass das Finanzamt Ihrer Sichtweise folgt. Der Aufwand lohnt sich: Statistisch gesehen sind zwei Drittel aller Einsprüche erfolgreich.

Verböserungsfalle

Legen Sie Einspruch ein, rollt das Finanzamt den gesamten Steuerfall neu auf, nicht nur die beanstandeten Punkte. Also: Das Finanzamt prüft die Steuererklärung noch einmal komplett durch, sodass unter Umständen eine **Verböserung** eintreten kann – so lautet tatsächlich der amtsdeutsche Begriff! Das bedeutet: Wenn der Finanzbeamte bei der erneuten Durchsicht Fehler entdeckt, die sich zu Ihren Gunsten ausgewirkt hatten, kann er diese korrigieren. Es kann also passieren, dass Sie zwar hinsichtlich Ihres Einspruchs Recht bekommen, dass aber der neue Bescheid wegen der Bereinigung der anderen Fehler für Sie nachteiliger ausfällt als der ursprüngliche. Blöd gelaufen! Immerhin: Das Finanzamt muss Ihnen seine „bösen Absichten" vorab mitteilen und Ihnen damit die Chance geben, den Einspruch zurückzuziehen. Machen Sie daraufhin einen Rückzieher, bleibt alles beim Alten.

Tipp: Schlichte Änderung

Nicht immer müssen Sie einen „falschen" Steuerbescheid mit einem Einspruch anfechten. Stattdessen können Sie auch einen Antrag auf schlichte Änderung stellen. Dieser ist formlos und in der Regel telefonisch möglich. Hier wird der Bescheid nur in den beanstandeten Punkten geändert und nicht der gesamte Steuerfall neu aufgerollt. Das ist regelmäßig der einfachere Weg, wenn sich im Bescheid offensichtliche Zahlendreher, Eingabefehler oder Rechenfehler eingeschlichen haben. Ein kurzer Anruf beim zuständigen Finanzbeamten bereinigt den Streitfall und ersetzt den förmlichen Einspruch. Ansonsten ist der Einspruch natürlich die richtige Wahl.

Steuer muss trotzdem gezahlt werden

Aufgepasst: Ihr Einspruch bewirkt erst einmal nicht, dass Sie sich auch vor der Steuerzahlung drücken können. Solange über Ihren Einspruch noch nicht entschieden ist, müssen Sie zunächst pünktlich den im Steuerbescheid geforderten Steuerbetrag an den Fiskus zahlen. Einen Zahlungsaufschub erhalten Sie nur, wenn Sie neben dem Einspruch auch einen **Antrag auf Aussetzung der Vollziehung** stellen. Klingt kompliziert, heißt aber nichts anderes, als dass Sie in Ihr Einspruchsschreiben einen ergänzenden Satz aufnehmen wie etwa: *„Gleichzeitig beantrage ich die Aussetzung der Vollziehung für den strittigen Steuerbetrag."* Doch achtgegeben: Einen Zahlungsaufschub bekommen Sie immer nur für den strittigen Steuerbetrag, der unstrittige Betrag ist zu zahlen.

Ist Ihr Einspruch erfolgreich, gibt's zu viel Gezahltes zurück. Lehnt das Finanzamt dagegen Ihren Einspruch ab, sind die gestundeten Steuerbeträge fällig.

Wenn das Finanzamt stur bleibt und Ihren Einspruch ablehnt, dann können Sie dagegen vor dem Finanzgericht klagen. Der Weg zum Finanzkadi ist allerdings mit vielen formellen Hürden gepflastert und mit Kosten verbunden – hier empfiehlt es sich, unbedingt vorher rechtlichen Rat einzuholen.

■ Wenn der Betriebsprüfer zweimal klingelt

Wenn sich das Finanzamt zur Betriebsprüfung ansagt, löst das bei vielen Unternehmern Panikzustände aus. Sind die Außendienstmitarbeiter des Fiskus doch extrem neugierig, und nach ihrem Besuch ist man nicht selten ärmer – an Nerven und Geld. Aber keine Angst: Wenn Sie ein reines Gewissen, Ihre Bücher ordentlich geführt und alle Belege aufbewahrt haben, brauchen Sie sich kaum Sorgen zu machen.

Die gute Nachricht vorneweg: Als „kleiner" Selbstständiger werden Sie – zumindest statistisch gesehen – nur selten vom Finanzamt heimgesucht. Im Durchschnitt werden Kleinstbetriebe (Umsatz < 190.000 €, Gewinn < 40.000€) alle 100 Jahre geprüft. Wenn Sie Glück haben, also nie in Ihrer unternehmerischen Laufbahn.

Nun die schlechte Nachricht: Und es kann doch passieren. Eine Betriebsprüfung kann jeden treffen. Das ist auch gut so! Denn der psychologische Effekt des Wissens, dass jeder Unternehmer mal dran sein kann, trägt wesentlich zur Steuerehrlichkeit bei.

Je größer Ihr Betrieb, desto wahrscheinlicher, dass Sie unerwünschten Besuch bekommen. Großbetriebe werden alle vier Jahre geprüft. Aber nicht nur die Großen werden unter die Lupe genommen. Auch kleine Selbstständige können ins Visier des Fiskus geraten und abweichend von der Statistik geprüft werden, wenn das Punktekonto beim Finanzamt überzogen ist. Wenn Sie die Chance auf einen Hausbesuch vom Fiskus nicht erhöhen wollen, vermeiden Sie es, Minuspunkte zu sammeln, die durch Folgendes entstehen können:

⮑ Ihre Steuererklärungen enthalten Ungereimtheiten; Steueranmeldungen oder -erklärungen werden öfter korrigiert; steuerliche Fristen und Zahlungstermine werden regelmäßig versäumt.

⮑ Geringes Einkommen: Sie geben seit Jahren nur geringe Einnahmen an, die nicht zur Deckung des täglichen Lebensbedarfs ausreichen, pflegen aber einen aufwendigen Lebensstil.

⮑ Ihre Unternehmenskennzahlen weichen deutlich vom Branchendurchschnitt ab oder schwanken stark von Jahr zu Jahr.

⮑ Auf Ihnen lastet ein besonderes Augenmerk, weil Sie in früheren Betriebsprüfungen bereits negativ aufgefallen sind.

⮑ Sie tätigen hohe Einlagen oder in Ihrem Betrieb tauchen hohe Vermögenspositionen auf, die durch Ihre Einnahmen nicht erklärbar sind.

⮑ Sie schließen mit nahen Angehörigen gewinnmindernde Verträge wie etwa Miet-, Arbeits- oder Darlehensverträge ab.

Ist der Brief vom Amt erst einmal ins Haus geflattert, können Sie sich der Betriebsprüfung nicht mit dem Verweis auf Statistiken entziehen oder freundlichst darum bitten, doch lieber einen anderen zu prüfen. Dann bleiben nur noch zwei Alternativen: ins Ausland flüchten oder einen kühlen Kopf bewahren und sich richtig wappnen!

Wie läuft eine Betriebsprüfung ab?

Das Finanzamt kündigt sich einige Wochen vorher schriftlich an. Den genauen Prüfungstermin und Ort können Sie mit dem Prüfer abstimmen, wahlweise wird in Ihren Geschäftsräumen, in der Amtsstube oder beim Steuerberater geprüft. Geprüft werden normalerweise die letzten drei Jahre, für die schon Steuerbescheide vorliegen. Es geht also um vergangene Jahre, die Sie vermutlich innerlich schon ad acta gelegt haben.

Nutzen Sie die Zeit vor der Prüfung, um Ihre Unterlagen auf Vordermann zu bringen. Sortieren Sie Notizen oder Dokumente, die der Prüfer nicht unbedingt sehen muss, aus. Für die Prüfung müssen Sie Rechnungen, Bankbelege, Verträge und Korrespondenz vorhalten – eben alles, was notwendig ist, um Ihre Angaben in den Steuererklärungen zu belegen. Seien Sie aber nicht allzu großzügig, geben Sie dem Prüfer erst einmal nur die Unterlagen, die er anfragt. Im Laufe der Prüfung wird der Prüfer immer wieder Rückfragen an Sie stellen und Unterlagen nachverlangen. Kooperieren Sie, so gut Sie können. Aber nicht alles muss sofort erledigt werden. Fragen, die Sie nicht sofort beantworten können oder wollen, stellen Sie zurück und arbeiten sie Punkt für Punkt in Ruhe ab.

Übrigens: Nutzen Sie eine EDV-Lösung für Ihre Buchhaltung, müssen Sie dem Prüfer auf Verlangen die Buchhaltungsdaten auch elektronisch zur Verfügung stellen.

Der Showdown jeder Prüfung ist die Schlussbesprechung: Hier ist Verhandlungsgeschick gefragt, da strittige Punkte und offene Fragen auf den Tisch kommen und diskutiert werden. Um letztlich zu einem gemeinsamen Ergebnis zu kommen, ist von beiden Seiten etwas Flexibilität und Kompromissbereitschaft erforderlich. Klar ist, dass eine einvernehmliche Schlussbesprechung im Interesse aller Beteiligten ist. Das bedeutet aber nicht Einigung um jeden Preis. Wenn Sie keine Einigung über alle Punkte erzielen, dann akzeptieren Sie nur die eindeutigen

Punkte. Die strittigen Fragen können Sie im Zweifel vor dem Finanzgericht klären lassen.

Die Prüfungsergebnisse werden schließlich in einem Prüfungsbericht zusammengefasst. Daraufhin ergehen geänderte Steuerbescheide für die geprüften Jahre. Sind Sie damit nicht einverstanden, können Sie Einspruch einlegen und schließlich klagen.

Und noch eines: Prüfer sind auch nur Menschen, die ihren Job machen. Beachten Sie daher die Grundregeln menschlicher Kommunikation. Seien Sie freundlich und zuvorkommend. Small Talk ist nicht verkehrt. Aber Vorsicht: Der Plausch über das kostspielige Hobby oder das neue, teure Geschäftsauto kann auch zu Ihrem steuerlichen Nachteil verwendet werden.

↓ | Downloadbereich

Mehr Wissenswertes rund um das Thema Steuern finden Sie unter www.crashkurs-steuern.de im Downloadbereich.

■ Schlussbemerkung

Zum Schluss wünsche ich Ihnen, dass Sie ganz viele Steuern zahlen können, denn wer keine Steuern zahlt, ist arm dran.

Ihr Andreas Görlich

■ Der Autor

Diplom-Kaufmann **Andreas Görlich** ist Steuerberater, Gründungsberater und Dozent für Existenzgründerseminare mit einer ambitionierten Mission: die vermeintlich komplizierte und staubtrockene Welt der Buchungssätze und Steuerparagrafen auf eine erfrischende Art dem „steuerlichen Laien" verständlich zu vermitteln. Im Rahmen seiner Beratungs- und Dozententätigkeit hat er bereits mehr als 500 Existenzgründer auf dem Weg in die Selbstständigkeit begleitet.

Die Wirtschaftszeitung *Handelsblatt* hat Steuerberater Andreas Görlich mit dem Siegel „**Beste Steuerberater 2019**" in der Branche „Gastronomie" ausgezeichnet. In der Handelsblatt-Spezialausgabe „Deutschlands beste Steuerberater 2019" vom 11.04.2019 veröffentlicht – im Test waren 4.129 Steuerberater.

Erleben Sie
„Steuerwissen2go" live!

live

Das Seminar zum Buch

genauso

kompakt, praxisnah und frei von
Juristendeutsch präsentiert

Informieren Sie sich unter www.
steuern-aber-lustig.de

Und noch mehr Steuerwissen2go gibt´s auch auf

Printed in Poland
by Amazon Fulfillment
Poland Sp. z o.o., Wrocław